JN246042

厚生労働省認定教材	
認定番号	第58745号
認定年月日	昭和63年12月20日
改定承認年月日	平成31年2月1日
訓練の種類	普通職業訓練
訓練課程名	普通課程

厚生労働省認定教材

Numerical Control

NC工作概論

独立行政法人 高齢・障害・求職者雇用支援機構
職業能力開発総合大学校 基盤整備センター 編

目　　次

第１章　数 値 制 御

第２章　NC 工作機械

第3章　NC言語・プログラム

第４章　自動化生産システム

第1章
数値制御

NC とは Numerical Control の略称で，数値による信号指令で機械もしくは装置を制御するという意味である。数値制御された工作機械を NC 工作機械と呼んでいる。NC 工作機械は，プログラムを翻訳し指令を行う NC 装置と，工作物を加工する機械本体で構成されている。プログラムとは，使用工具や加工条件，加工工程などの作業手順を，決められた約束に従ってアルファベットや数字，記号で表した命令の列をいう。

NC 工作機械は，熟練技能者の高度な加工技能や技術を自動化するだけでなく，生産活動の省力化，無人化に大きな役割を果たしている。

この章では，数値制御と NC 工作機械の概要について説明する。

第１節　数値制御の概要

１．１　数値制御のしくみ

数値制御の開発は，最初アメリカにおいて，ヘリコプターのロータブレード検査用ゲージのような複雑な形状を，自動的に加工する工作機械を作ることを目的に推進された。工作物に対する工具の移動指令を，あらかじめ設定された座標系における座標値データとしてプログラム化し，図面の部品を自動的に加工する方法が数値制御である。

図１－１に，NC 工作機械の代表である NC 旋盤とマシニングセンタの例を示す。

操作パネル（NC旋盤）

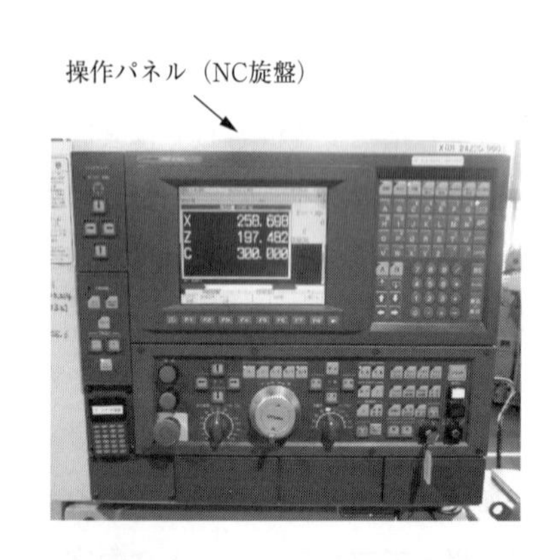

操作パネル（マシニングセンタ）

機械本体

（a）Ｎ Ｃ 旋 盤

機械本体

（b）立て形マシニングセンタ

図１－１　NC 工作機械

出所：中央・城北職業能力開発センター板橋校

図１－２にNC工作機械の送り駆動機構の原理を示す。

NC旋盤では，NC装置からX軸移動指令が出されると，駆動モータにより送りねじ（一般的にボールねじ）が回転するため，刃物台は横送り台方向（X軸）方向へ移動する。同様に，Z軸移動指令が出されると，駆動モータにより送りねじが回転するため，刃物台は往復台方向（Z軸）方向へ移動する。

立て形マシニングセンタでは，NC装置からX軸の移動指令が出されると，駆動モータにより送りねじが回転するため，テーブルは左右方向（X軸）に移動する。同様に，Y軸移動指令が出されると，駆動モータにより送りねじが回転し，テーブル下のX軸と直交するサドルは前後方向（Y軸）へ移動する。さらに，Z軸移動指令が出されると，駆動モータにより送りねじが回転するため，主軸頭は上下（Z軸）方向へ移動する。これらの軸移動により工作物と工具は，互いの相対位置が制御される。

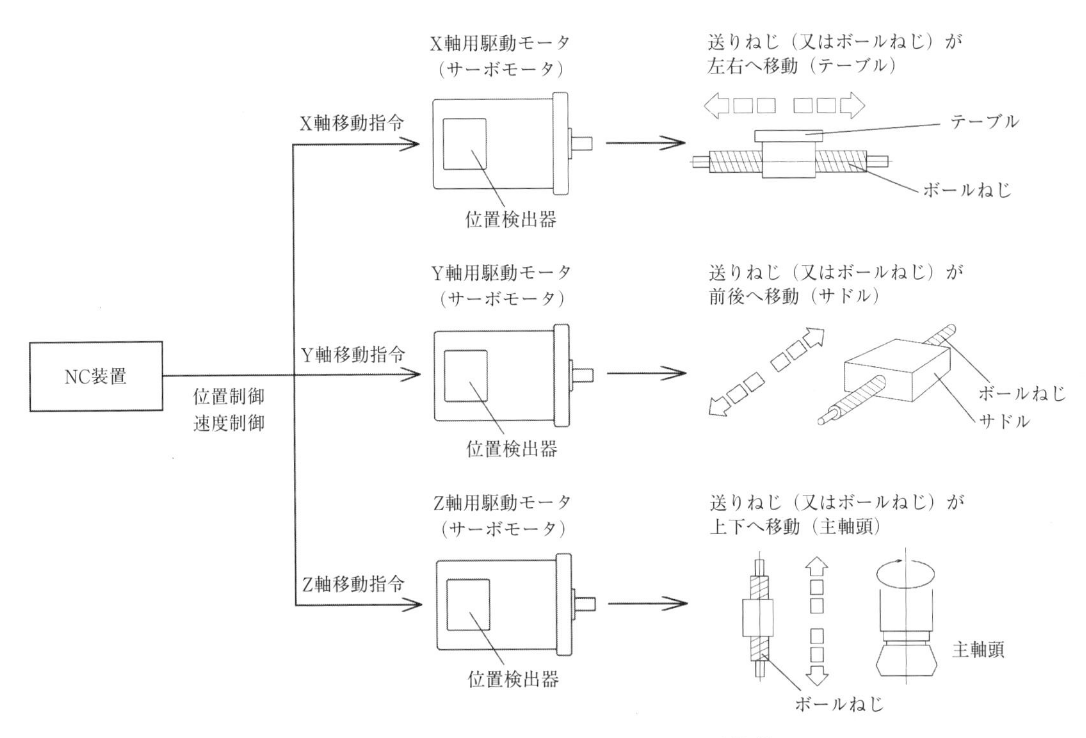

図１－２　立て形マシニングセンタの送り駆動機構の原理

１．２　NC工作機械の作業

NC工作機械の登場によって，作業者の作業内容がどのように変わったか，汎用工作機械とNC工作機械の作業内容を比較してみよう。図１－３に汎用工作機械作業，図１－４にNC工作機械作業の様子を示す。

汎用工作機械の作業では，作業者は図面等を確認しながら，手動送りハンドルを回して刃物を工作物に近づけ，切り込みを与え，手動送りや自動送りで，工作物を加工する。加工作業の途中で，ノギスやマイクロメータにより工作物の寸法を測定して，所定の加工寸法に仕上げていく。

一方，NC 工作機械では，あらかじめ作業者が刃物の選定や加工条件，加工工程などを網羅したプログラムを作成し，NC 装置に入力・記憶させる。刃物や工作物の位置決め，切り込み，送りなどの動作は，プログラムにより自動的に制御されるため，加工開始のボタンを押せば，後は機械が自動的に加工を行う。

（a）汎 用 旋 盤

（b）汎用フライス盤

図１－３　汎用工作機械作業

出所：中央・城北職業能力開発センター板橋校

（a）Ｎ Ｃ 旋 盤

（b）マシニングセンタ

図１－４　NC 工作機械作業

出所：中央・城北職業能力開発センター板橋校

図１－５は，NC 工作機械の作業概要を示している。それぞれの作業を簡単に説明すると，次のようになる。

a　準　　備

図面から加工に必要な寸法や公差，表面粗さなどの情報を読み取る。読み取った情報を基にして，プログラムを作成しやすいように作業手順表，段取り図，ツールレイアウト図などを記述する。

b　プログラムの作成

図面から読み取った情報を，NC装置が理解できる言語に置き換える。この作業をプログラミングと呼んでいる。

プログラミングの方法として主に，必要な加工情報をGコードやMコードなどのプログラム言語に変換し，作業者自らが直接入力して作成する**非対話式**と，必要な素材寸法や加工寸法，加工方法，使用工具等の条件をディスプレイの図形を見ながらNC装置のコマンドに沿って入力し，コードを自動的に作成する**対話式**がある。また，金型の製品成型部やスクリューなどのような複雑な曲面形状加工では，形状データをもとにして，コンピュータにより直接NCプログラムを作成し，記憶装置（メモリ）に入力する方法が一般的である。

c　プログラムの入力

外部のコンピュータにより作成されたプログラムは，メディアやネットワークなどを経由し，NC装置の記憶装置（メモリ）へ入力する。

d　加　　工

入力されたプログラムを実行させると，NC装置はプログラムを翻訳しながら工作機械の動作を指示する信号を送る。この信号によって，機械本体は工作物を加工する。

このようにNC工作機械は，汎用工作機械でそれまで人間が行ってきた作業のほとんどを自動化してしまう。しかし，寸法精度や表面粗さなど，加工の良否は作業者が作成したプログラムに大きく影響する。NC工作機械の作業は，人間が身体を動かして作業する代わりに，プログラムの作成が非常に重要な仕事になる。よりよい加工製品を作るためには，汎用工作機械の場合と同じく，作業者の技術・技能の向上が重要である。

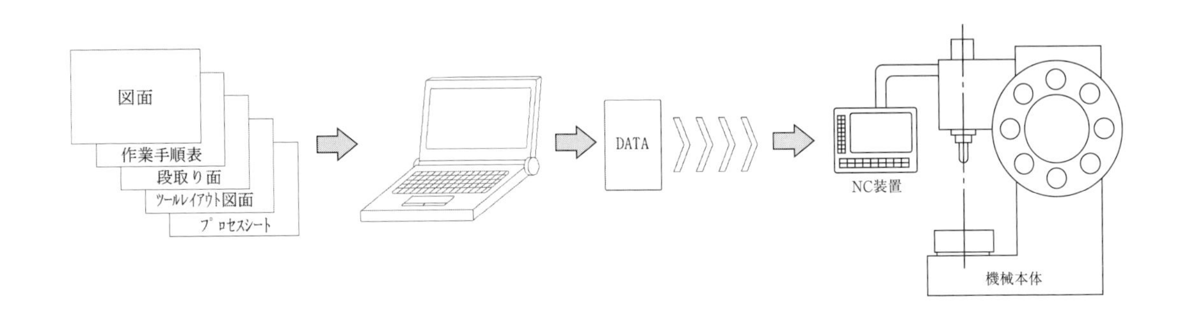

図1－5　NC工作機械の作業概要

１．３　NC 工作機械の開発史

NC 工作機械は，T.Parsons（アメリカ）が考案し，マサチューセッツ工科大学（MIT）サーボ機械研究所の協力を得て，1952 年に開発したNC フライス盤が最初のNC 工作機械であるとされている。

日本においては，1952 年頃にNC 工作機械が紹介され，直ちに大学や研究所などでNC の研究が始まり，1957 年に東京工業大学においてNC 旋盤の試作機が完成した。その後，各種工作機械がNC 工作機械として開発され，マシニングセンタやワイヤ放電加工機など，従来の汎用工作機械の種類では分類できない機械も開発された。

国内では，1970 年後半から開発の速度が急速になり，1982 年から 27 年間にわたり，NC 工作機械の生産台数は日本が世界一であった。図１－６は日本の初期のNC 装置で，図１－７は日本で最初に開発されたNC フライス盤である。図１－８は日本で最初のDNC（従来のDNC であり，Direct Numerical Control を意味する）システムである。

NC 工作機械では，プログラムデータをNC 装置本体で読み込んで工作物を加工する。そのため，プログラムの作成に必要な自動プログラミングソフトウェアの開発も，NC 工作機械の開発と同じ時期に始まっている。

図面から工具経路を決定し，手計算で座標値を計算し，NC 装置が理解できる言語でプログラムを作成することをマニュアルプログラミングという。一方，コンピュータのソフトウェアによって，プログラムを自動的に作成することを自動プログラミングという。プログラムをいかに，効率よく，自動的に作成するかを追求していく過程が，ソフトウェアの開発史となっている。

図１－６　初期のNC 装置

図１－７　日本で最初のNC フライス盤

図1－8　日本で最初のDNCシステム

1．4　NC工作機械の生産動向

工作機械は，製造業にとって主要な設備であるため，その生産動向は，製造業の設備投資に密接な関係がある。製造業の景気が良く生産活動が活発な時期は設備投資が盛んになり，工作機械の生産台数，生産金額は共に増加する傾向を示す。

全工作機械とNC工作機械について，1994～2016年までの23年間の生産台数の推移を図1－9に，生産金額の推移を図1－10に示す。どちらのグラフでも，全工作機械に占めるNC工作機械の割合が高くなっていることが分かる。

図1－11に，NC工作機械の機種別生産金額比率（2016年）を示す。比率が最も高いのはマシニングセンタで約4割，次いでNC旋盤の約3割，続いてNC研削盤，レーザ加工機，NC専用機(1)の順となっている。また，図1－12に，マシニングセンタの業種別出荷金額比（2016年）を示す。比率が最も高いのは輸出で半数を超えている。次いで一般機械器具製造業，続いて自動車製造業の順となっている。

コンピュータや周辺技術の開発により，高速，高精度，多機能なNC工作機械が製造されている。例えば，図1－13のようなシステムでは，数台のマシニングセンタとパレット（「第2章第1節1．2」参照）に取り付けられた加工物を複数個保管する棚，パレットを自動的に出し入れできる自動搬送装置が装備され，長時間無人運転が可能である。

---

(1)　特殊な工作物の加工や，特殊加工を行うために設計，製作された専用のNC工作機械のことである。

年	生産台数（台）	
	全工作機械	NC 工作機械
1994	88,109	29,104
1995	100,293	41,805
1996	106,813	47,064
1997	115,149	56,112
1998	96,805	53,845
1999	71,710	40,946
2000	90,916	53,755
2001	74,572	46,604
2002	55,807	35,121
2003	65,673	44,060
2004	79,500	60,715
2005	92,385	71,468
2006	100,171	76,838
2007	106,282	82,431
2008	95,310	74,155
2009	29,459	21,068
2010	67,607	55,132
2011	85,483	72,834
2012	93,649	82,175
2013	56,780	47,487
2014	99,407	88,573
2015	102,101	89,359
2016	67,991	56,278

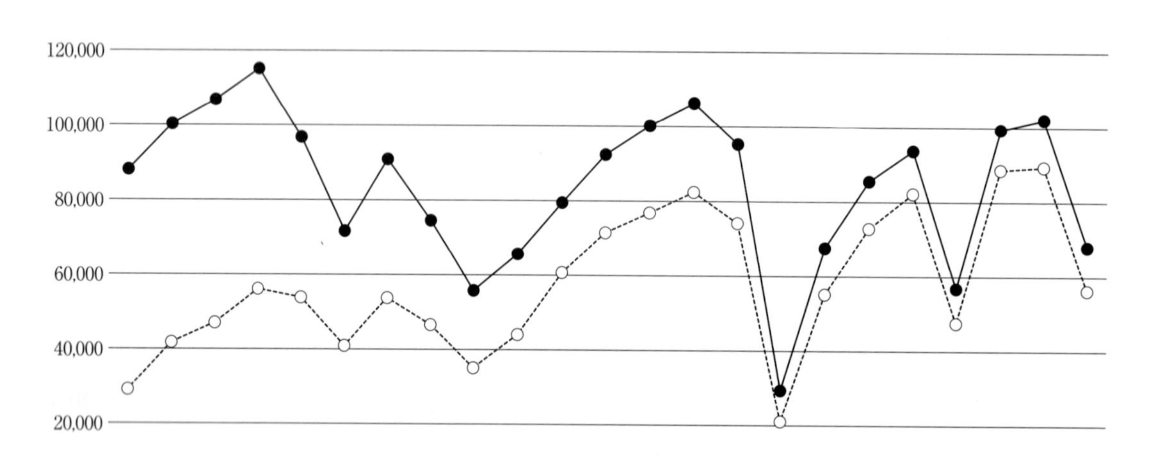

図１－９　全工作機械とＮＣ工作機械の生産台数の推移

（数値は，一般社団法人日本工作機械工業会『工作機械統計要覧』より）

年	生産金額（百万円）	
	全工作機械	NC 工作機械
1994	554,080	438,811
1995	699,351	575,694
1996	837,453	697,902
1997	1,017,129	850,132
1998	1,010,541	876,764
1999	739,461	635,435
2000	814,636	720,801
2001	776,453	680,154
2002	585,098	509,659
2003	690,205	597,306
2004	878,082	773,462
2005	1,110,257	979,422
2006	1,211,230	1,070,348
2007	1,303,164	1,172,589
2008	1,249,184	1,096,655
2009	486,283	416,051
2010	813,002	673,288
2011	1,149,394	965,267
2012	1,151,980	1,036,460
2013	886,372	791,373
2014	1,186,293	1,072,171
2015	1,258,087	1,141,496
2016	1,012,810	911,679

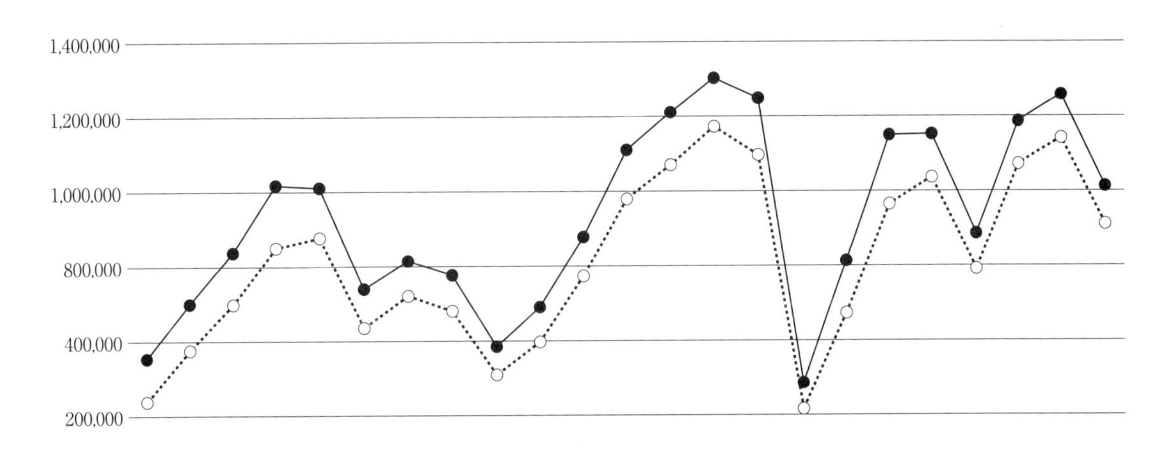

図１－10　全工作機械とＮＣ工作機械の生産金額の推移

（数値は，一般社団法人日本工作機械工業会『工作機械統計要覧』より）

機　種	金額（百万円）	金額比（%）
NC 旋盤	317,132	30.8
NC 中ぐり盤	11,508	1.1
NC フライス盤	8,027	0.8
NC 研削盤	81,343	7.9
NC 歯車機械	25,838	2.5
NC 専用機	46,662	4.5
マシニングセンタ	416,339	40.5
NC 放電加工機	29,878	2.9
NC レーザ加工機	69,232	6.7
その他の NC 工作機械	22,368	2.2
計	1,028,327	100.0

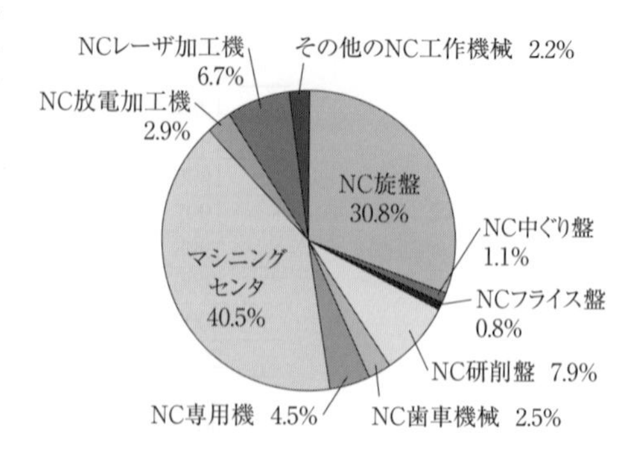

図１－11　NC 工作機械の機種別生産金額比率（2016 年）

（数値は，一般社団法人日本工作機械工業会『2016 年数値制御（NC）工作機械　生産実績等調査』より）

業　種	金額（百万円）	金額比（%）
鉄鋼及び 非鉄金属製造業	4,037	0.9
金属製品製造業	3,821	0.9
一般機械器具製造業	75,103	17.7
自動車製造業	44,289	10.4
電気機械器具製造業	5,896	1.4
精密機械器具製造業	5,295	1.2
電気・精密	11,191	2.6
航空機・造船・ 輸送用機械製造業	16,643	3.9
その他内需	10,206	2.4
輸出	248,539	58.5
計	425,020	100.0

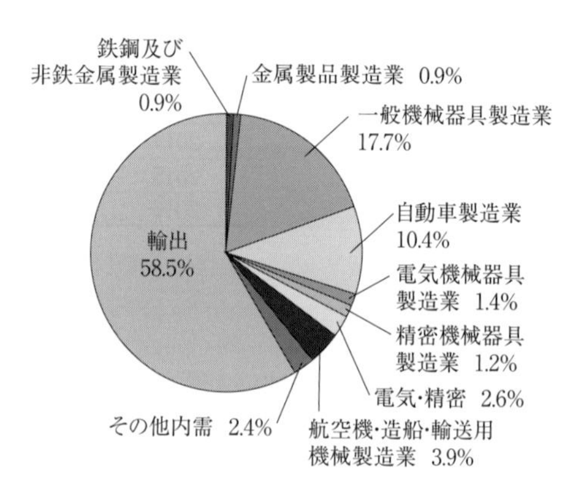

図１－12　マシニングセンタの業種別生産金額比率（2016 年）

（数値は，一般社団法人日本工作機械工業会『2016 年数値制御（NC）工作機械　生産実績等調査』より）

図１－13　高度にシステム化された NC 工作機械

第２節　NC 工作機械の特徴

２．１　NC 工作機械の特徴と種類

NC 工作機械は，その誕生理由からも分かるように，複雑な形状の加工をコンピュータなどを搭載した制御装置により，自動的に行うのが特徴である。その後，いろいろな機能が開発され，付加されてきた。現在の NC 工作機械の主な特徴は，次のとおりである。

① 位置決めや輪郭切削などを，プログラムにより自動的に，高精度に制御することができる。

② 工具交換や切削油剤のオン・オフなどの補助的な作業を，プログラムにより自動的に行うことができる。

③ 工具の寸法や取付位置などにより，プログラムの変更を行う必要がないように数種類の工具補正機能がある。

④ 旋盤やフライス盤，ボール盤，中ぐり盤など，工作機械がもつ複数の異なる機能を１台の NC 工作機械で実行できる場合もある。

NC 工作機械の主な種類について，図１－14 に示す。なぜ，このように NC 工作機械が普及したのであろうか。生産現場では，原価低減のために材料費，機械の償却費や人件費などで，いろいろと工夫や努力をしている。そうした工夫の中で，特に重視しているのが自動化，省力化，無人化である。それらの目標を達成するため，数多くの NC 工作機械が開発されている。

汎用工作機械では，作業者は長年の経験や訓練の積み重ねによって，高精度で複雑な形状を加工する技術，技能を身に付ける。そのため，熟練技能者になるには，多くの時間と費用が必要となる。

一方，NC 工作機械では，経験の浅い作業者でも比較的短時間の経験で，高精度で複雑な形

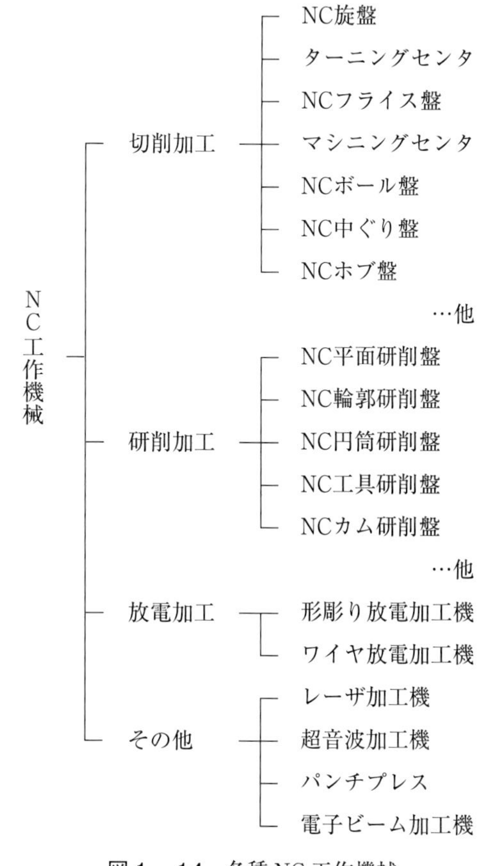

図１－14　各種 NC 工作機械

状を加工することができるようになる。そればかりでなく，同じ形状の工作物を多量生産する場合，同一プログラムを用いることで，繰り返し加工をすることができる。NC 工作機械と汎用工作機械の特徴を比較して，表１－１に示す。

表１－１　NC 工作機械と汎用工作機械の特徴

NC工作機械	汎用工作機械
○短期間のうちに，機械操作や加工を習熟できる。	○作業に精通し，熟練者と呼ばれるようになるには長い経験が必要である。
○加工精度に安定性があり，熟練度による加工精度のばらつきが少ない。	○高品位，高精度な部品加工では高度な熟練が必要である。
○プログラミングなど作業前の準備に時間がかかるため，一般的には中量以上の生産に向いている。	○図面を見ながら作業ができるため，単品加工に適している。
○複雑形状部品，多工程部品の加工に威力を発揮する。	○はめあい調整，特殊工具による加工など，勘・コツが必要な作業に適している。
○工程管理，工具管理など作業の標準化を進めることができる。	○作業が我流になりやすく，標準化がされにくい。
○長時間自動運転が可能であり，自動化，省力化，無人化への対応が容易である。	○素材の前加工，ジグ・取付具の製作など，自動化のための環境づくりに役立つ。
○設計変更，在庫の減少など，コンピュータによる生産管理が容易になり，システム化が容易である。	
○技術の進歩により機械の陳腐化が早い，設備費用が高い，プログラムに依存し作業改善の努力を怠りがちになるなど，マイナス要因があることも忘れてはならない。	○加工ノウハウの蓄積と伝承がされにくい。

ME（Micro Electronics）の生産技術の発展により，NC 回路で使われる **IC**（Integrated Circuit）や **LSI**（Large Scale Integration）をより集積化し，高機能化した NC 装置が，より安価に生産できるようになった。また，駆動モータについても，割出し精度や加減速制御に優れた機能をもつものが開発されている。さらに，ソフトウェア開発の分野では，パーソナルコンピュータを用いた NC 工作機械の管理や運用面での利便性が大幅に向上されるなど，生産現場のニーズに合わせて，NC 工作機械の性能は日進月歩で向上している。

２．２　NC 工作機械の構造と各部の機能

NC 工作機械にはその加工内容によりいろいろな種類があり，それらに共通な構造と機能は，次のとおりである。

まず，本体を構成する要素の中で最も重要なものは，テーブルや主軸の移動を行う**駆動ユニット**である。図１－15 のように，工作物や工具の移動機構では，多数の**サーボモータ**が取り付けられており，テーブルの前後方向（Ｚ軸）や左右方向（Ｘ軸），主軸の上下方向（Ｙ

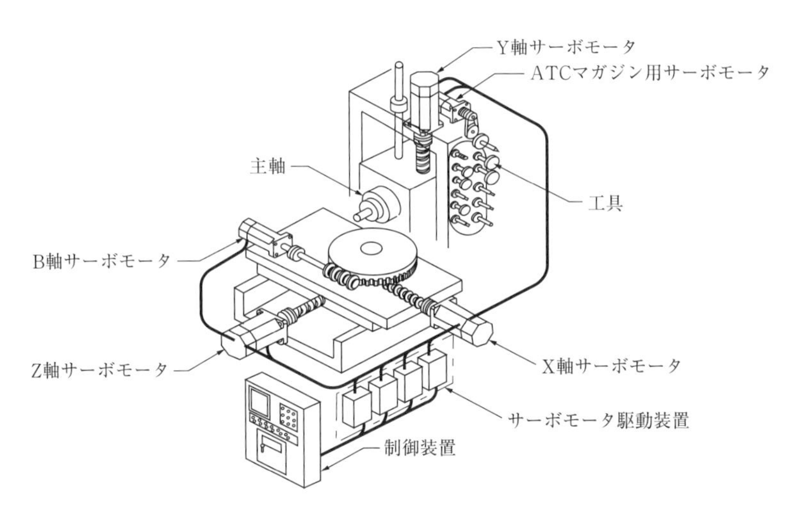

図１－15　テーブルや工具の移動機構とサーボモータ

軸），パレットの回転方向（Ｂ軸）などの移動に用いられる。さらに，工具を取り付ける円テーブル（ATC マガジン）などの回転等にも利用される。サーボモータ（「第２章第２節」で詳解）とは，位置や速度等を制御する用途に使用するモータで，NC 工作機械では主に制御装置から出される指令によって回転し，テーブルの移動や割り出しを行う。

次に重要な構成要素は，自動工具交換装置である。マシニングセンタや NC フライス盤の自動工具交換装置は，**ATC**（Automatic Tool Changer）と呼ばれる。ATC マガジン内には複数の工具が装着されており，加工に必要な工具はプログラムによる指令で呼び出され，交換が行われる。図１－16 はマシニングセンタの ATC である。NC 旋盤や NC ボール盤の一部には，ドラム形やタレット形などの刃物台や工具台に，数種類の工具が取り付けられており，これらが一定角度ずつ回転することにより工具交換が行われる。図１－17 にその例を示す。ただし，

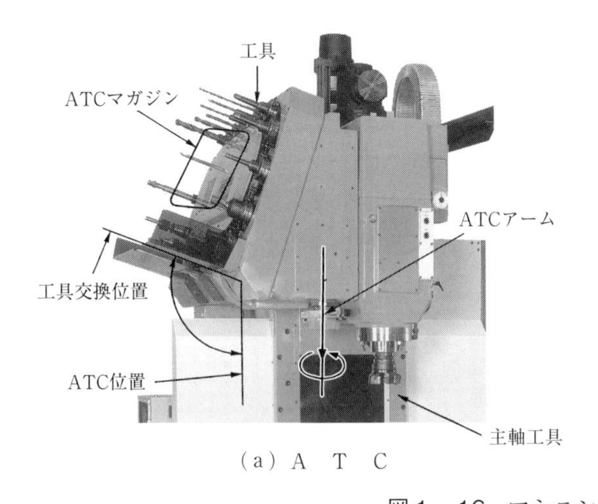

（a）A　T　C

（b）ATCマガジン内部の様子

図１－16　マシニングセンタの ATC

出所：（b）中央・城北職業能力開発センター板橋校

ラウンドホールブッシュ
（スリーブ）
中ぐりバイト
内径加工用ツールホルダ
外径加工用バイト
外径・端面加工用ツールホルダ
内径加工用ツールホルダ
ドリル

図１－17　NC 旋盤のドラム形刃物台

ワイヤ放電加工機のように，自動工具交換装置のない NC 工作機械もある。

本体以外の構成要素の中で，特に重要な要素に NC 装置がある。NC 装置は，人間でいえば頭脳に相当する。ここから加工や準備などに必要な指令を出し，主軸モータやサーボモータを回転させて，工作物や工具を移動しながら切削作業を行う。NC 装置は，プリント基板に取り付けられた制御回路で構成されており，制御回路は IC や LSI 化されているため，LSI の集積密度が高くなるに従って，装置は小さく，高機能になっている。図１－18 に NC 装置の操作パネル例を示す。また，NC 装置には熱変位制御機能，衝突防止機能，加工条件探索機能などが付いたものもある。

以上に述べた NC 工作機械を構成する主要な要素のほかに，工作物の着脱を行うロボットや，工作物を取り付けたパレットを自動的に交換する装置 **APC**（Automatic Pallet Changer）などもある。

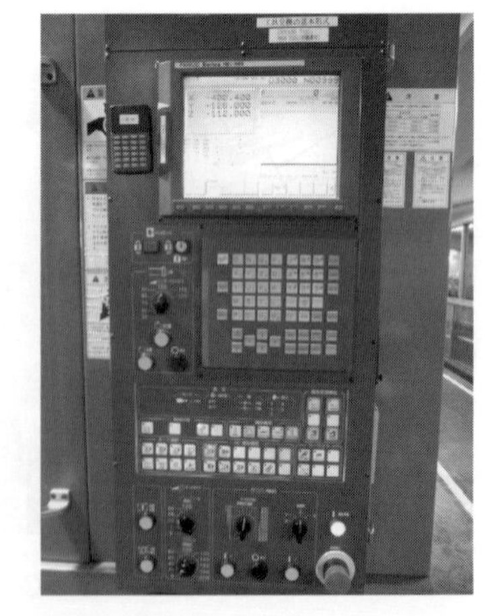

図１－18　NC 装置の操作パネル
出所：中央・城北職業能力開発センター板橋校

２．３　NC 工作機械の利用

図１－12（p.16）は，マシニングセンタの業種別出荷金額比の内訳である。グラフでは，一般機械器具製造業や自動車製造業，電気機械器具製造業などへの出荷が多いことが分かる。一般機械器具製造業とは，工作機械を

含めた産業機械の製造業であり，この分野では，機械・装置などの構成部品やタービンブレード，インペラ，ボールねじ，圧延ロールなど，複雑な形状の部品加工にNC工作機械が利用されている。

自動車製造業では，車体やドア，窓などの鋼板プレス金型や，タイヤ，マット，ハンドルなどのゴムやプラスチック成形金型製作にNC工作機械が利用されている。また，エンジンやクランクシャフト，ギヤボックスなどの部品加工にNC工作機械が利用されている。

電気機械器具製造業では，動画再生プレイヤ，オーディオ装置，テレビ，掃除機，冷蔵庫，洗濯機などの家庭電気製品，携帯電話やスマートフォンを始め電話・ファックス・タブレット端末などの通信機器，コンピュータ，さらに，発電機やモータなどの大小部品加工や各種部品の金型加工にNC工作機械が利用されている。

日本においては，上記の業種の大企業で，NC工作機械は**CAD/CAM**システムや**FA**（Factory Automation）などのようなシステムの構成要素として利用されている。

中小企業や下請企業では，高精度な部品加工を短納期で行うことを要求されるため，その技術・技能が継承される環境が大事である。NC工作機械の導入は，このようなニーズに応えるものとして利用されてきた。

経済産業省の工業統計データによると，金型製造業の事業所は日本全国で7,820社（2014年）あるとされている。その多くが従業員数10名以下の中小企業であり，NC工作機械の導入に積極的である。

さらに，図1－12のグラフでは輸出が半分を占めている。日本のNC工作機械の性能が優れているため，アメリカ，EU，中国，韓国，東南アジアなど世界中に輸出されている。

図1－19と図1－20に，NC旋盤やマシニングセンタで加工している様子を，図1－21～図1－24に，NC工作機械により加工された複雑な形状の部品例を示す。

図1－19　NC旋盤による加工

図1－20　マシニングセンタによるギヤボックスの加工

図１－21　産業機械部品

出所：ヤマザキマザック（株）

図１－22　インペラ

出所：（株）牧野フライス製作所

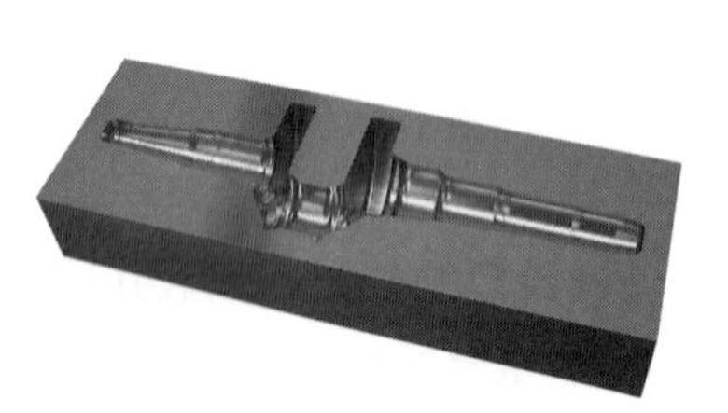

図１－23　クランクシャフト金型

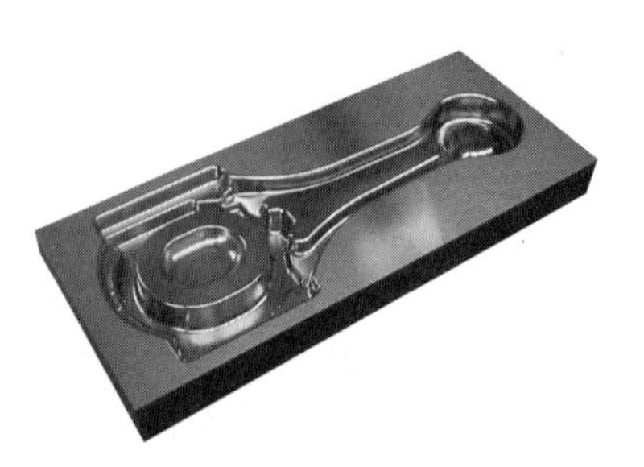

図１－24　コンロッド金型

第１章のまとめ

１．文中の（　　）に最適な言葉を入れなさい。

a．NC とは，（　　）の略称である。

b．NC 工作機械は，（　　）と（　　）で構成されている。

c．使用工具や加工条件，加工工程などの手順を，決められた約束に従ってアルファベットや数字，記号で表した命令の列を（　　）という。

d．NC 装置から X，Y，Z の各軸移動指令が出されると，（　　）により，（　　）が回転して，テーブルや主軸頭が移動する。

２．NC 工作機械の主な作業手順を述べなさい。

a．

b．

c．

d．

３．NC 工作機械の主な特徴について，四つ述べなさい。

a．

b．

c．

d．

４．日本では，金型製造業などの中小企業の多くで，NC 工作機械を導入している。
その理由を述べなさい。

第２章
NC工作機械

旋盤やフライス盤などの汎用工作機械をNC化したNC旋盤やNCフライス盤のように，これまで様々なNC工作機械が登場している。

汎用工作機械をベースとしたNC工作機械のほかに，マシニングセンタやワイヤ放電加工機，レーザ加工機など汎用工作機械の種類では分類できないNC工作機械も登場している。現在のNC工作機械は，加工機能の複合化，位置決め速度の高速化，加工の高速化，精度の超精密化を実現しており，今後さらに新しいNC工作機械が登場することが予想される。

この章では，各種NC工作機械の概要を学び，制御の種類とサーボ機構による制御方法及びツールセッティングについて学ぶ。

第１節　各種 NC 工作機械

１．１　ＮＣ旋盤

NC 旋盤の機械本体は，主軸及び主軸台，往復台，刃物台などで構成され，NC 装置は機械本体内の制御回路と画面表示付き操作パネルなどで構成されている。図２－１に NC 旋盤の例を示す。

初期の NC 旋盤は，油圧式倣(なら)い旋盤を NC 化した機械であり，六角刃物台が水平面を旋回するタレット形であったが，現在の刃物台は，図２－２に示すように，初期の NC 旋盤と違い，主軸の垂直面で旋回する十二角などの多角のドラム形である。刃物台は，主軸の向かい側にあり，バイトの切れ刃は下向きとなっており，切りくずが容易に落下するようになっている。制御軸は，主軸長手方向の Z 軸と主軸直角方向の加工直径を決定する X 軸の同時２軸制御である。

NC 旋盤の一種である**ターニングセンタ**では，図２－３に示すように，エンドミルやドリルを回転する付加軸を刃物台に取り付けて，フライス加工や穴あけ加工ができる。

図２－２　刃　物　台

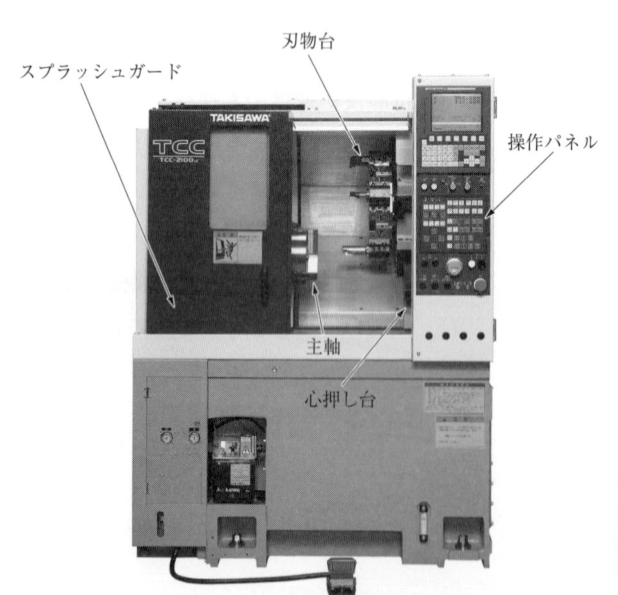

図２－１　ＮＣ旋盤

出所：（株）滝澤鉄工所

図２－３　ターニングセンタの刃物台

制御機能としては，工作物の直径変化にかかわらず，切削速度を一定に保つ**周速一定制御**や，図2－4に示す工具の刃先R[(1)]によって生じる形状誤差を自動的に補正する**刃先R補正機能**や，図2－5に示す内外径切削・段付き切削・溝切削・ねじ切りなどの各種切削パターンを実行する**固定サイクル**などがある。

また近年では，**旋盤ベース複合加工機**の需要が高まっており，2016年の機種別生産金額実績では，全体の9.5％近くを占めている。図2－6に旋盤ベース複合加工機の例を示す。

この複合加工機のことを，JIS B 0105：2012「工作機械－名称に関する用語」では「回転工具主軸，連続割り出し可能な工作主軸及び工具マガジンを備え，工具を自動的に交換する機能をもち，工作物の段取り替えなしに，旋削，フライス削り，中ぐり，穴あけ，ねじ切り，ホブ

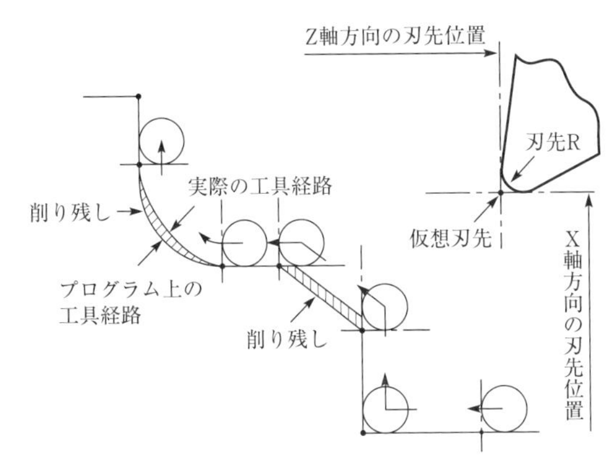

図2－4　刃先Rによる形状誤差

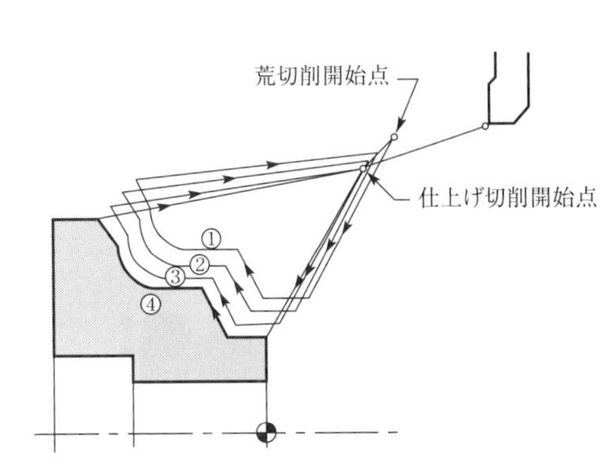

図2－5　NC旋盤の固定サイクル

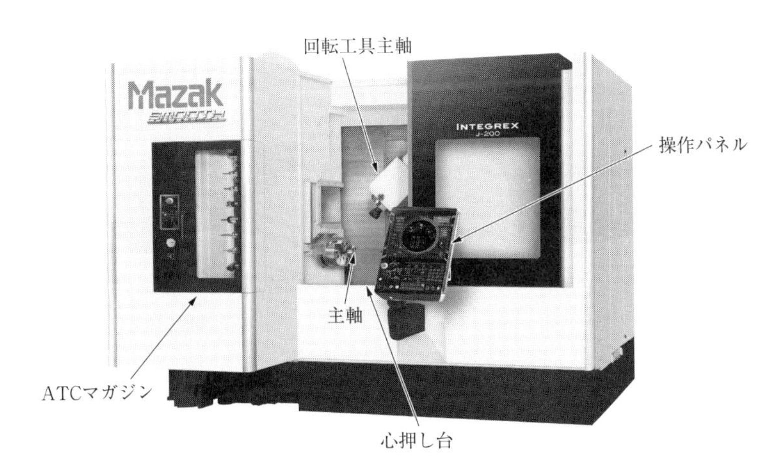

図2－6　複合加工機

出所：ヤマザキマザック（株）

(1)「刃先R」又は「ノーズR（Nr：Nose Radius ＝刃先先端の半径)」と称されることがあるが，JISでは「コーナ半径」と表記されている。

加工などの複数の加工が行える数値制御工作機械」と定義している。機械単体に複数の加工機能を複合化することにより，一台の工作機械で，すべての加工を完了することができる。

１．２　マシニングセンタ

マシニングセンタは，1977年に米国工作機械工業会（NMTBA：National Machine Tool Builder's Association）が定義した用語である。カーネイ＆トレッカー社（アメリカ）が1958年に「ミルウォーキーマチック」という名称で発表したのが始まりとされており，工作機械のNC化によって新しく登場したNC工作機械である。

JIS B 0105：2012では，マシニングセンタを「主として回転工具を使用し，フライス削り，中ぐり，穴あけ及びねじ立てを含む複数の切削加工ができ，かつ，加工プログラムに従って工具を自動交換できる数値制御工作機械」と定義している。

図２－７に主軸が垂直の立て形マシニングセンタ，図２－８に主軸が水平の横形マシニングセンタの例を示す。

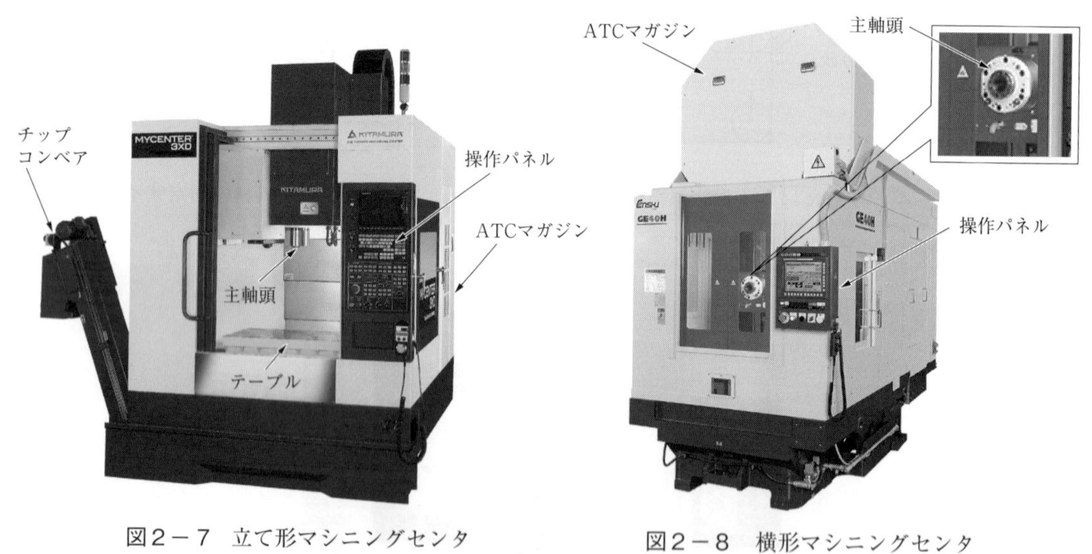

図２－７　立て形マシニングセンタ
出所：キタムラ機械（株）

図２－８　横形マシニングセンタ
出所：エンシュウ（株）

マシニングセンタは，工具の自動交換装置**ATC**（Automatic Tool Changer）を備え，付加機能として割出しテーブルをもち，フライス加工，中ぐり加工，エンドミル加工，ドリル加工，タップ加工など複合加工を行うNC工作機械である。機械本体の主な構成は，コラム，ベッド，テーブル，主軸頭，ATCである。

パレット式のマシニングセンタでは，工作物はテーブル上の**パレット**に取付具を利用して取り付けられる。テーブルを回転させることで，１回の段取りで工作物の多面加工が可能となる。図２－９にパレット式マシニングセンタ用取付具の例を示す。

一般に，主軸頭のプラス方向のストロークエンドが，ATC動作による工具交換位置になっている。ATCは，ATCマガジン（又は工具マガジン）に収納されている多数の工具から，指定する工具を任意に呼び出し，ATCアームによって自動的に工具を主軸に装着する動作を行う。図２－10にATCアーム，図２－11にATCマガジンの例を示す。マシニングセンタは，テーブル割出し機能による工作物の多面加工，ATCによる工具の自動交換，図２－12に示すパレットの自動交換装置**APC**（Automatic Pallet Changer）などによって，長時間の無人運転が可能である。

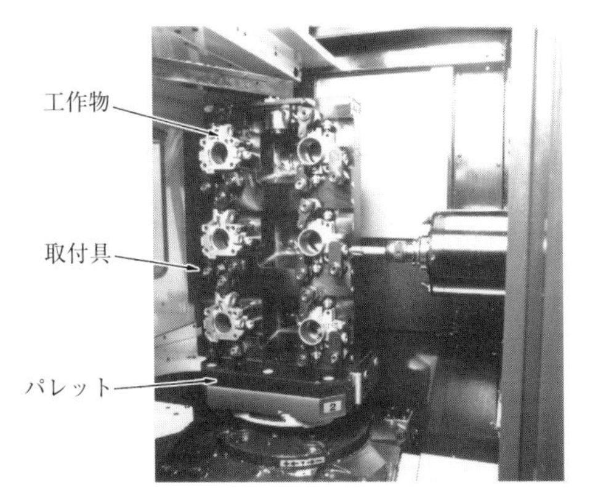

図２－９　工作物の取り付けと割り出し

図２－10　ATCアーム

図２－11　ATCマガジン

図２－12　A　P　C

マシニングセンタでは，工作物上で複数の座標系を設定できるワーク座標系，ボーリング，ドリリング，タッピングサイクルといわれる各種固定サイクルなどの機能が用意されており，とりわけ特徴的な機能は**工具補正機能**である。

工具補正機能は，工具交換による工具長や工具径の変化を自動的に補正する機能で，これによって使用する工具の長さや直径の大小を意識することなく，工作物の形状どおりにプログラミングができる便利さがある。図２－13に工具径補正，図２－14に工具長補正を示す。

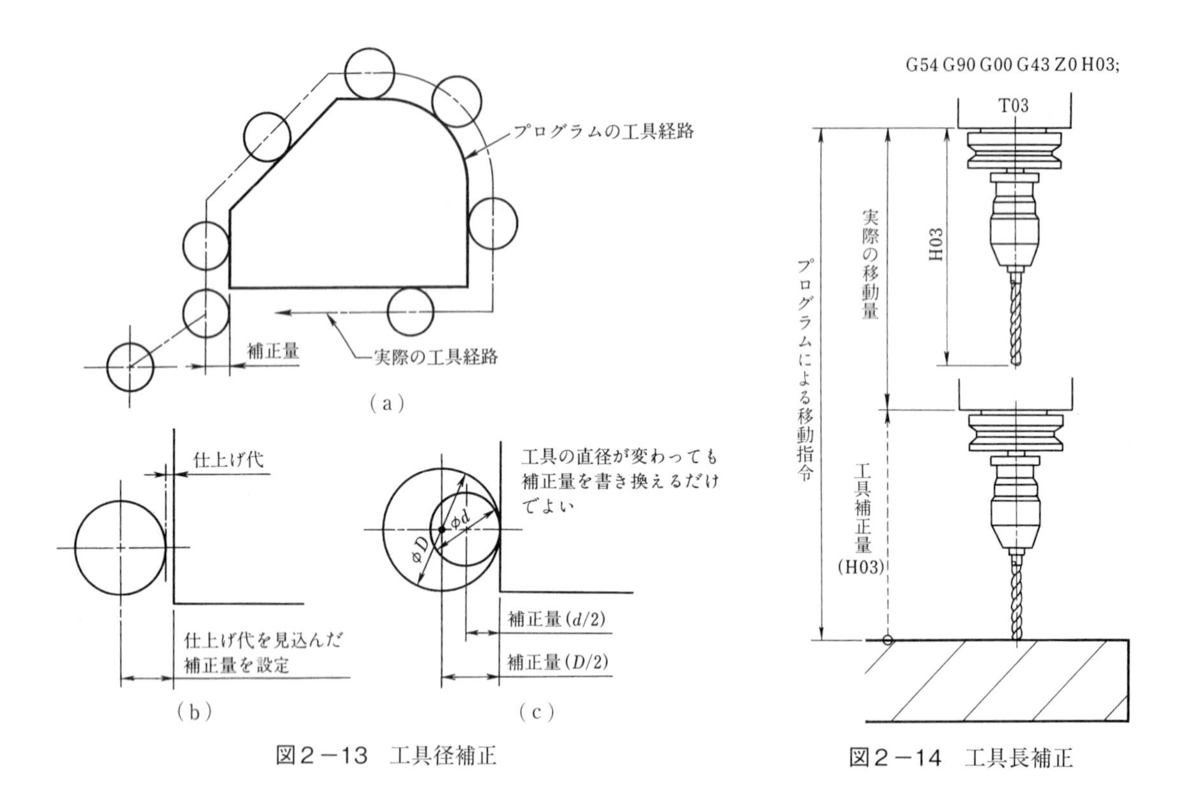

図２－13　工具径補正

図２－14　工具長補正

現在のマシニングセンタには，主軸回転速度 20,000～120,000min^{-1} や早送り速度 120m/min で，位置決め精度 0.1 μm の高速切削・高精度な機械が開発されている。

また近年では，**５軸制御マシニングセンタ**の需要が高まっており，2016 年の機種別生産金額実績では，５軸以上のマシニングセンタが全体の 9.5％近くを占めている。図２－15 に５軸制御マシニングセンタ，図２－16 に大物材料などの加工に用いられる**門形マシニングセンタ**の例を示す。

（a）外　　観

（b）構　　内

図２－15　５軸制御マシニングセンタ

出所：キタムラ機械（株）

5軸制御マシニングセンタのことを，JIS B 0105：2012では「直交3軸及び旋回2軸をもち，同時に5軸を制御できるマシニングセンタ」と定義している。

5軸制御マシニングセンタは，3軸制御マシニングセンタと比較して，工作物を傾けることによって突き出しが短い工具で加工ができるため，高効率・高精度な加工ができること，1回のチャッキングで5面を加工することができるため，加工時間の短縮ができるなど多くの利点がある。

図2－16　門形マシニングセンタ（5面加工）
出所：オークマ（株）

1．3　NCフライス盤

NCフライス盤はアメリカで開発されたが，その目的からも分かるように，3次元の複雑な形状をした部品，カムや金型の加工，単純な繰返し加工，設計変更の多い部品加工などに適している。

主軸の向きにより立て形と横形，構造により操作性・接近性の良いひざ形のフライス盤と，剛性が高く重切削の加工に適したベッド形のフライス盤に分類される。図2－17にNC立てフライス盤（ひざ形），図2－18にNC横フライス盤（ひざ形），図2－19にNC立てフライス盤（ベッド形）の例を，図2－20にNCフライス盤による部品の加工例を示す。

図2－17　NC立てフライス盤（ひざ形）
出所：（株）イワシタ

図2－18　NC横フライス盤（ひざ形）
出所：（株）イワシタ

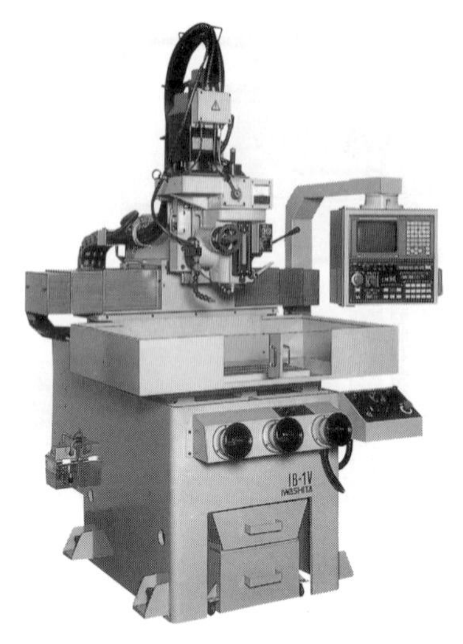

図２－19　NC 立てフライス盤（ベッド形）

出所：（株）イワシタ

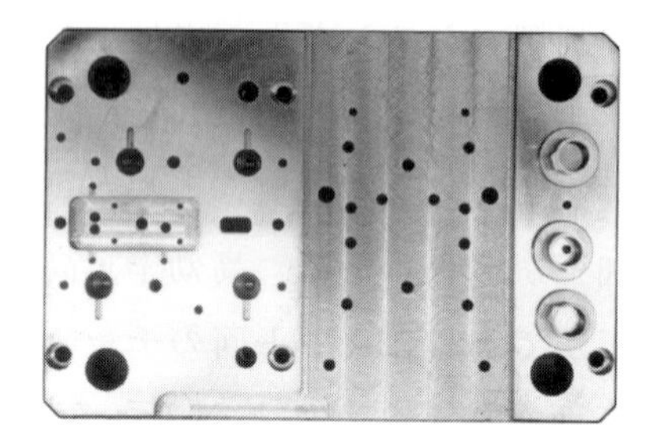

図２－20　NC フライス盤による加工部品

マシニングセンタが普及し始めた当初は，NC フライス盤はマシニングセンタに比べて価格が安く，段取りが容易，操作性のよさなどから多くの中小企業で利用されていた。しかし，近年ではマシニングセンタの開発が進み，NC フライス盤の優位性が低くなってきている。2016 年の機種別生産金額実績では，NC フライス盤は全体の 0.8％程度にとどまっている。

１．４　NC 研削盤

研削盤は，工作物の最終仕上げ工程であるため，高精度加工が要求される。NC 研削盤はといしの**自動定寸装置**，といしの**自動修正機能**，研削パターンの**固定サイクル化**などの機構や機能をもっている。図２－21 に NC 平面研削盤，図２－22 に NC 円筒研削盤，図２－23 に NC 工具研削盤，図２－24 に NC 円筒研削盤の研削固定サイクルの例を示す。

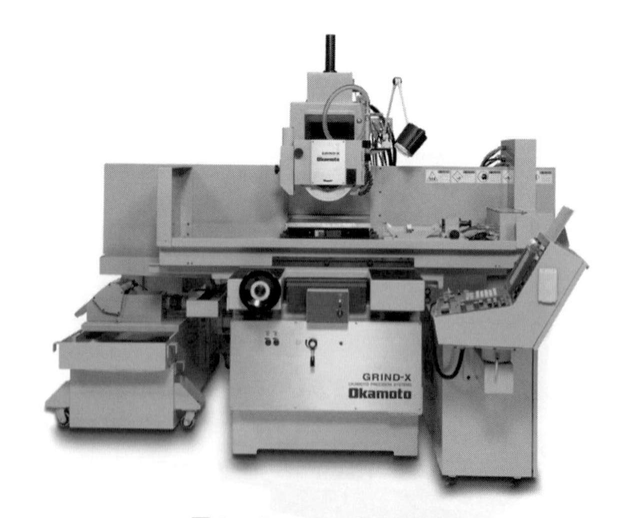

図２－21　NC 平面研削盤

出所：（株）岡本工作機械製作所

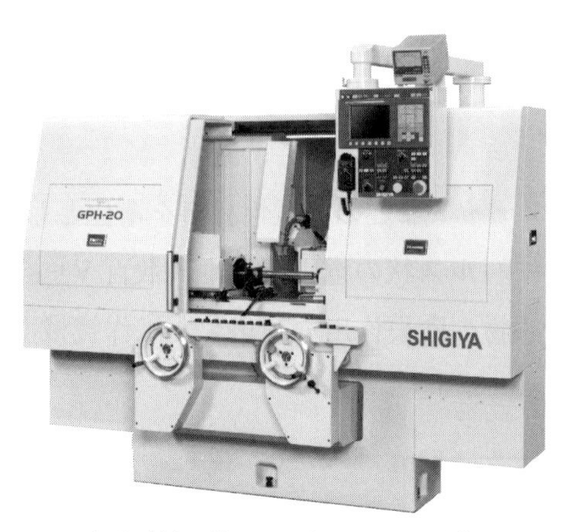

（a）外観（といし頭ストレート形）

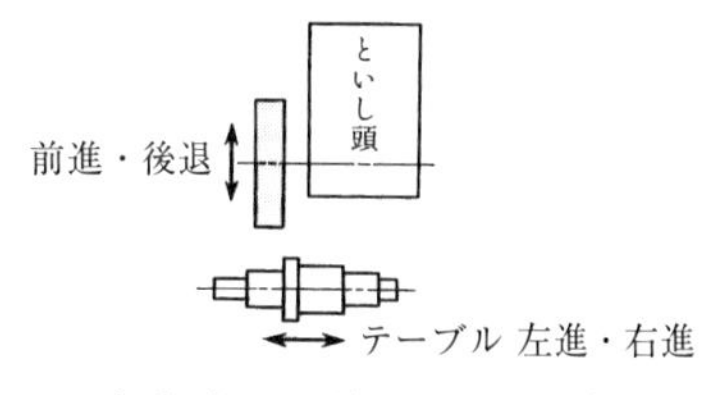

（b）といし頭ストレート形

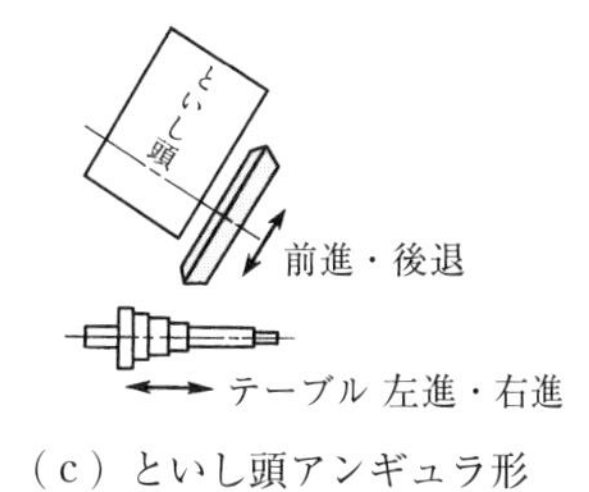

（c）といし頭アンギュラ形

図2－22　NC円筒研削盤

出所：（a）（株）シギヤ精機製作所

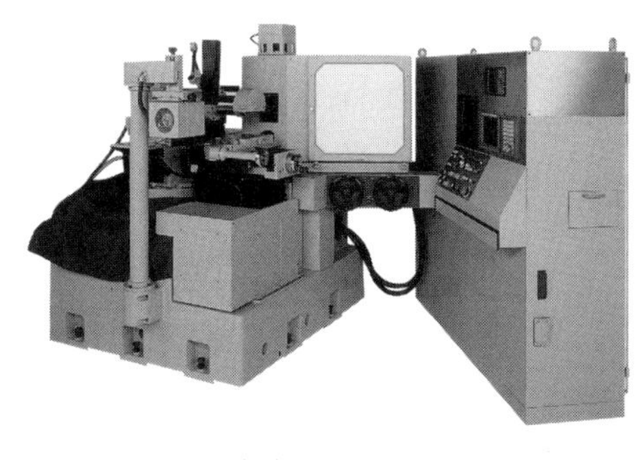

（a）外　　観

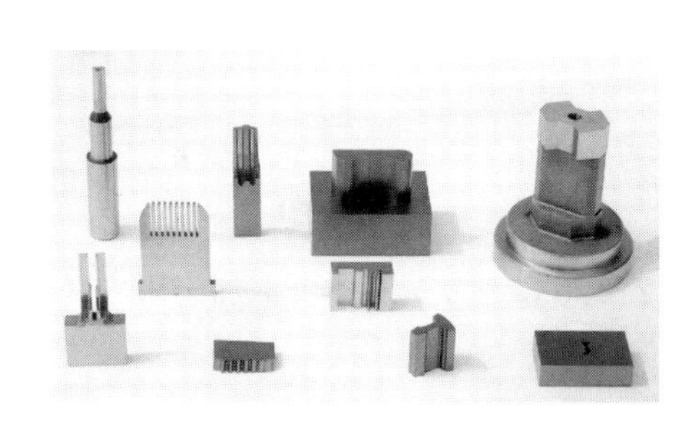

（b）加工部品例

図2－23　NC工具研削盤

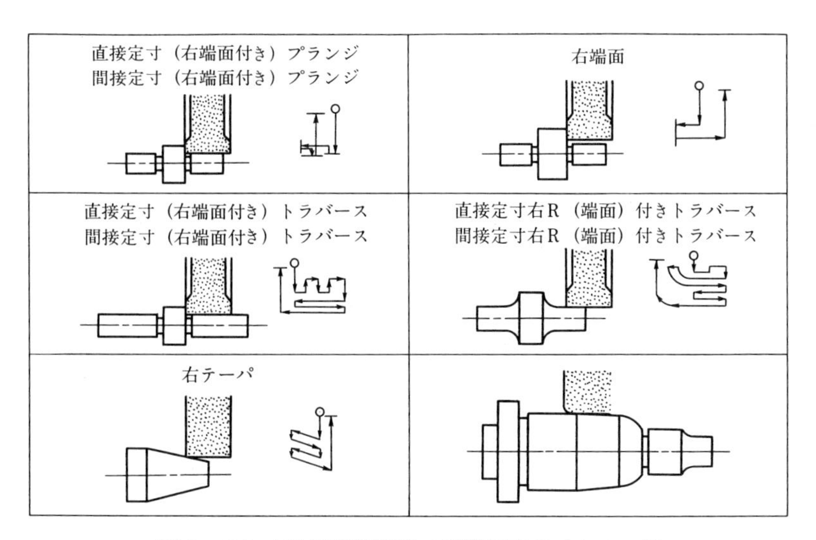

図2－24　NC円筒研削盤の研削固定サイクルの例

１．５　形彫り放電加工機

形彫り放電加工機は，銅，タングステン，グラファイトなどの導電性材料を**電極**とし，必要とされる形状に電極を加工し，電極と工作物の間にパルス状の電圧（数十～数百 V）を加え，間欠的な火花放電による熱作用と加工液による溶融物の除去作用を利用した工作機械である。図２－25 に放電加工機の原理を示す。

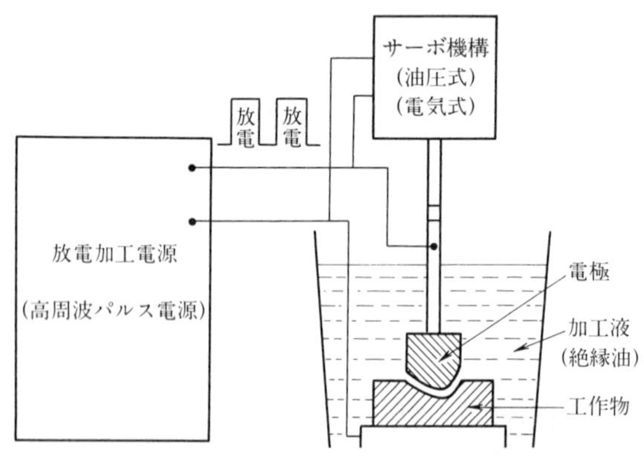

図２－25　放電加工機の原理

図２－26 にシリンダヘッド加工用のグラファイト電極を，図２－27 にスパナの型加工例を示す。

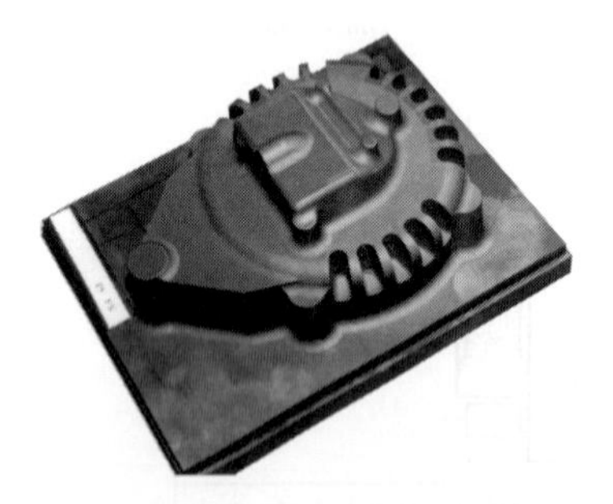

図２－26　グラファイト電極

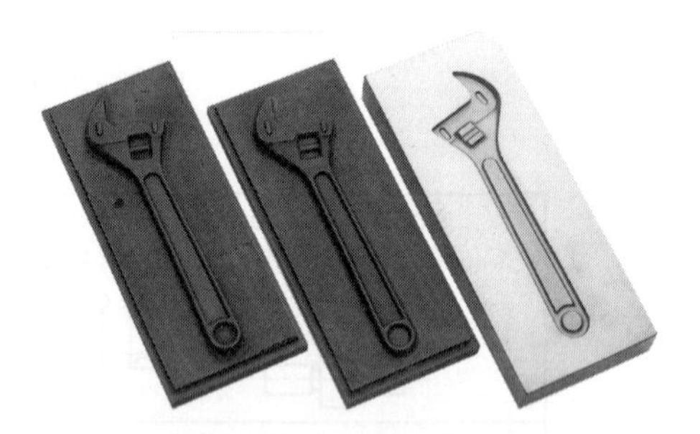

図２－27　スパナの型加工

形彫り放電加工機は，表２－１のように各種金型を始め，多用途に利用されている。特に，工作物が通電体であれば，切削が困難な焼入れ鋼，超硬合金など，硬さに関係なく加工でき，現在はファインセラミックスなど種々の新素材加工にも利用されている。

形彫り放電加工機は，加工漕，X－Y テーブル，電極取付装置，加工電源装置，加工液供給装置と NC 装置などから構成されている。図２－28 に形彫り放電加工機の例を，図２－29 に電極取付部を示す。

表2－1　形彫り放電加工機の用途

a.　金型の加工	c.　鉄鋼製造ロール加工
プレス打抜き型	プリケットロール加工
曲げ，成形金型	ダル加工
絞り金型	ロールフォーミング加工
プレス連続加工金型	スリッタ加工
鍛造金型	
押出し型（アルミサッシ型など）	d.　治工具類の加工
プラスチックモールド金型	
ダイカスト金型	切削工具ホルダの加工
鋳造用金型	切削工具の形状加工
粉末冶金型	各種取付ジグの加工
ゴム型	
ガラス金型	e.　試験材料の加工
窯業用金型	
ダイス（線引，ヘッダ）	金属単結品の加工
	ストレーンゲージの加工
b.　量産部品加工	特殊導電性材料の加工
内燃機関用燃料噴射ノズル穴	f.　その他
〃　　気化器細穴加工	
油圧バルブの細穴加工	タップ折れ除去
光学機器の細穴加工	ドリル折れ除去
耐熱合金の加工	ワイヤカット用下穴加工
	ECM用電極スリットの加工

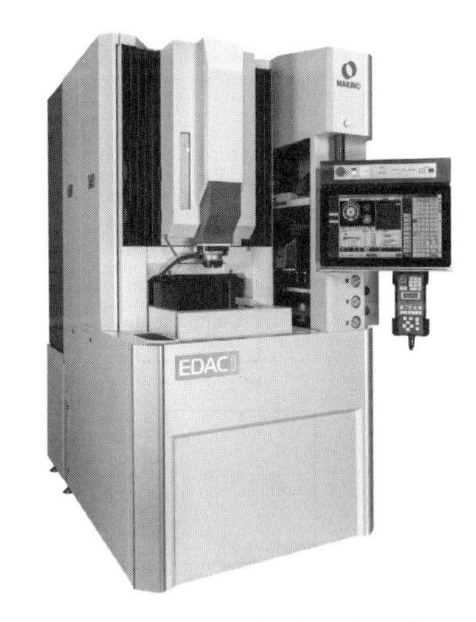

図2－28　形彫り放電加工機

出所：（株）牧野フライス製作所

図2－29　電極取付部

NC装置が装備されていない初期の形彫り放電加工機では，電極形状をそのまま工作物に転写するという加工を行っており，電極消耗による形状誤差が問題であった。しかし，形彫り放電加工機のNC化により，図2－30～図2－32に示すような，各種の放電加工が可能になっている。

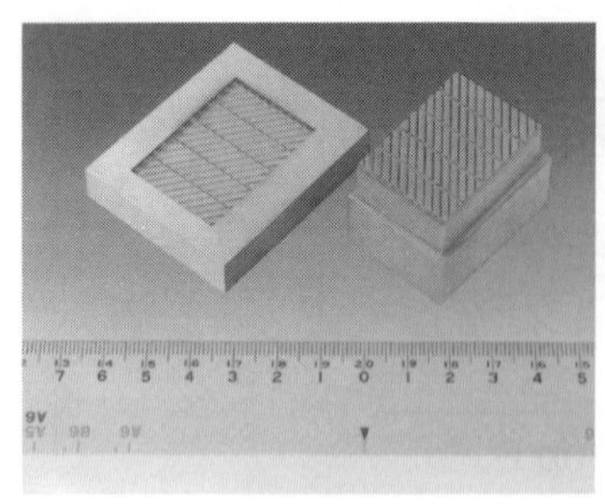

図2－30　モールド金型の放電加工

図2－31　歯車の放電加工

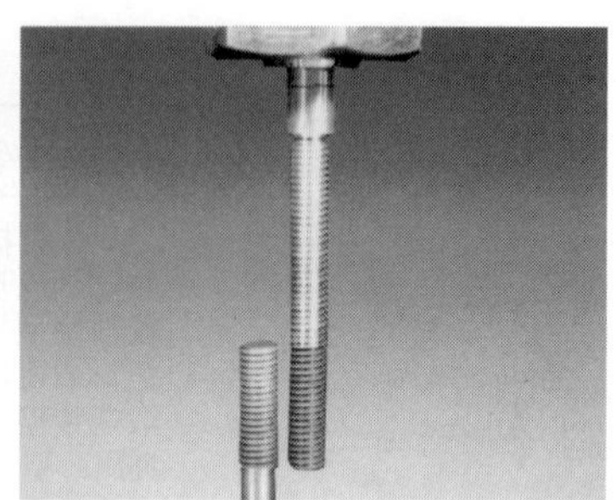

図2－32　ねじの放電加工

1．6　ワイヤ放電加工機

ワイヤ放電加工機は，マシニングセンタと同様に，初めからNC装置を装備して開発されたNC工作機械である。加工原理は，形彫り放電加工機とほぼ同じで，電極として細いワイヤを用い，**ワイヤ電極**と工作物の間の放電現象によって，工作物を加工する。

形彫り放電加工と異なるのは，電極に黄銅やタングステンなどの細いワイヤ（0.03～0.33mm程度）を用いて細いスリットを作り，形状を切り出す加工法であり，微細な複雑形状の加工やクリアランスの均一な凸型・凹型の金型加工に向いている。図２－33にワイヤ放電加工機の原理を示す。

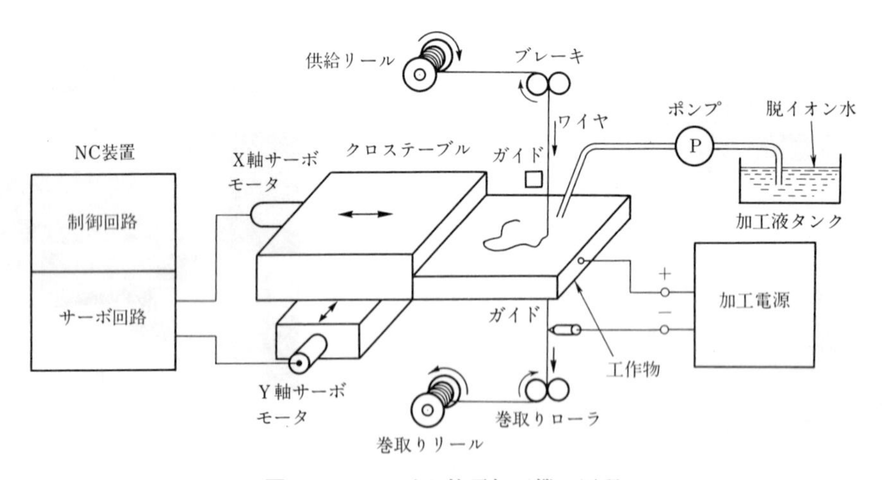

図2－33　ワイヤ放電加工機の原理

ワイヤ放電加工機は，IC部品などの高精密打抜き金型を始め，精密順送金型などの高精密な金型，プラスチックモールドなどの金型，タービンブレードの加工などに利用されている。図２－34にワイヤ放電加工機の用途を示し，図２－35～図２－37に加工サンプルを示す。

ワイヤ放電加工機は，ワイヤ供給装置とワイヤリール，工作物を取り付けるX－Yテーブルなどの装置，NC 装置，加工電源装置，加工液供給装置などから構成されている。図2－38 にワイヤ放電加工機の例を示す。

ワイヤ供給装置には，図2－39 に示すように，加工断面に傾斜を付けるワイヤ傾斜駆動装置が付いており，プレス抜き型やタービンブレードのようなテーパが付いた部品の加工を行うことができる。

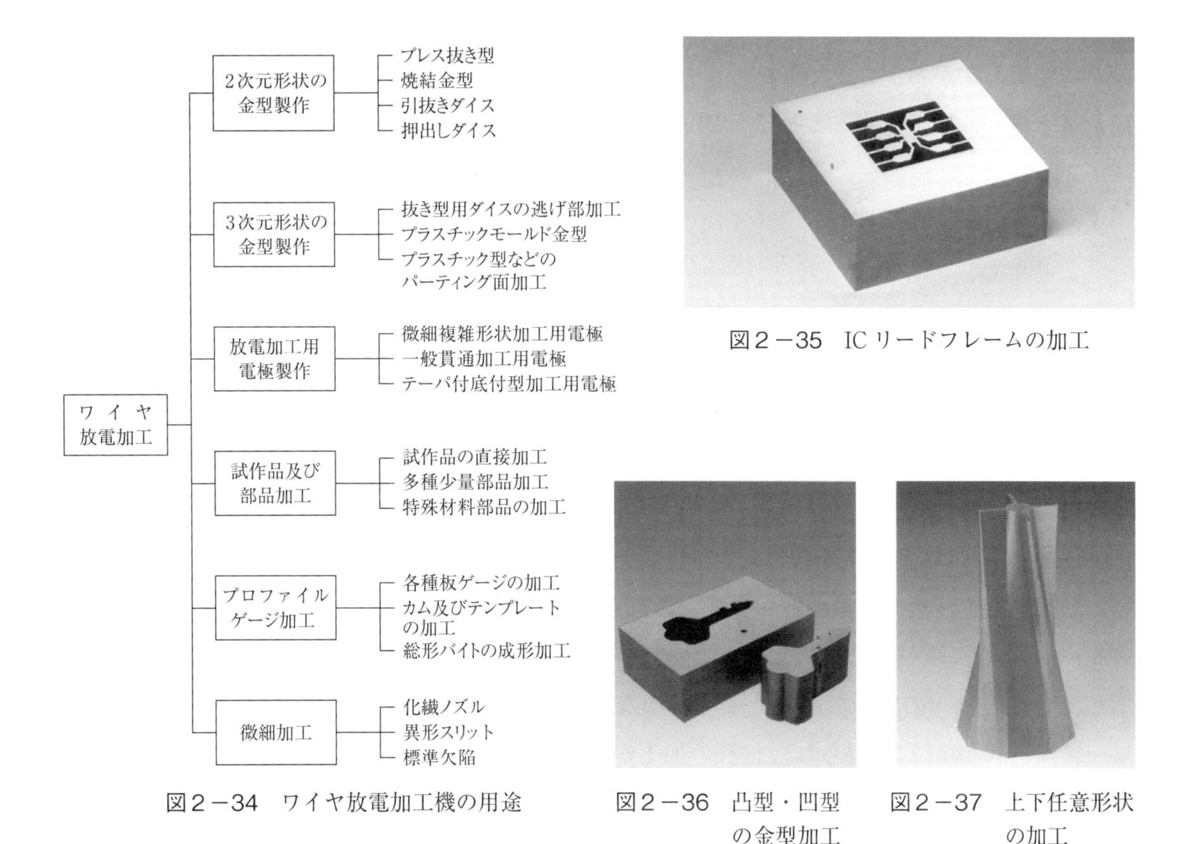

図2－34　ワイヤ放電加工機の用途

図2－35　IC リードフレームの加工

図2－36　凸型・凹型の金型加工

図2－37　上下任意形状の加工

図2－38　ワイヤ放電加工機

出所：(株) ソディック

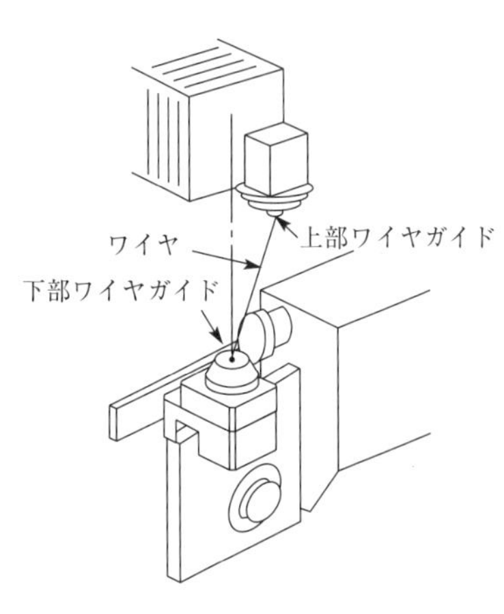

図2－39　ワイヤ傾斜駆動装置

加工条件には，**ワイヤ条件**と**電気条件**が必要である。ワイヤ条件としては，材質，径，張力，送り速度，支点間距離など，電気条件としては，無負荷電圧，ピーク電流，コンデンサ容量，パルス幅，休止時間，平均加工電圧などの設定が必要である。

ワイヤ放電加工機では，切り落とし部分の除去，加工変質層の除去，さらにコーナ部や加工形状など，加工精度の向上を目的として**セカンドカット法**を行っている。

このセカンドカット法は，仕上げ代を残して１次加工を行い，その後，仕上げの加工条件に徐々に変更しながら，２次加工を行う方法である。作業としては，電気条件の変更とワイヤの補正量を徐々に小さくすることで，２～８回のセカンドカットが行われている。

１．７　レーザ加工機

レーザ（LASER）とは，“Light Amplification by Stimulated Emission of Radiation”の頭文字を連ねた合成語で，「誘導放出による光の増幅」の意味である。図２－40 にレーザ発振装置の構成と原理を示す。

このレーザ物質に，放電や光の照射によりエネルギーを与えると，光の増幅が行われ，レーザ光のもとになる光が放出される。放出された光は２個の相対する光反射鏡（一方の反射率は100％で，他方は透過率１～数％）の間を何回も反射を繰り返し，共振により光の強度が増大して，透過率１～数％の鏡の外へ出る。これがレーザ発振である。

レーザ光は，①平行性がよい，②単色である，③干渉する，の特徴がある。レーザ加工で利用しているのは①の特徴であり，ごく微小な面積にパワーを集中できるため，非常に高いパワー密度（W/cm^2）が得られ，材料の加工が可能となる。図２－41 に示すように，レンズで集められた高エネルギー密度のレーザ光を工作物の表面へ照射して，除去加工や付加加工を行う。

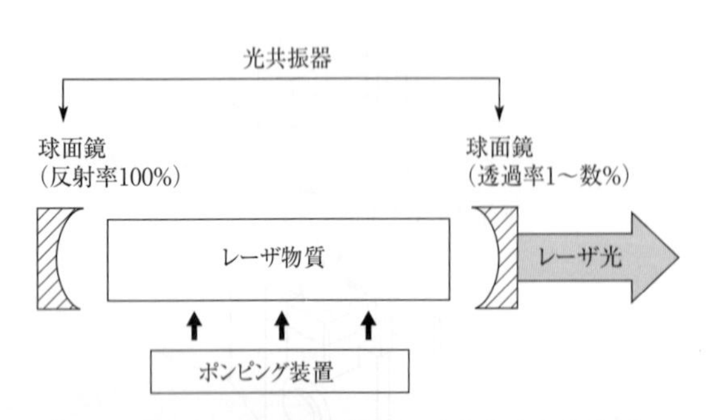

図２－40　レーザ発振装置の原理を示す構成図

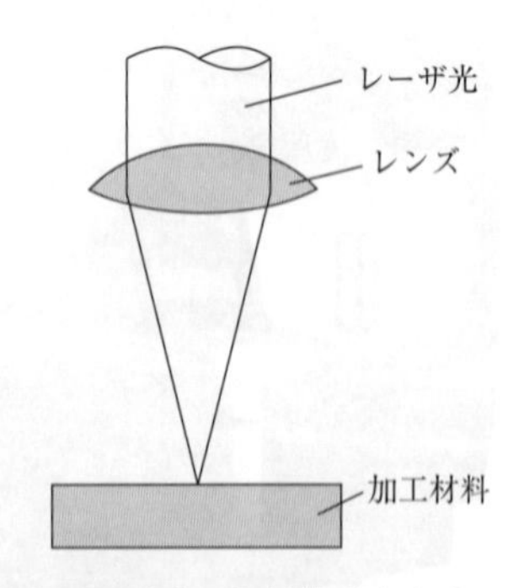

図２－41　レンズにより集められたエネルギー高密度のレーザによる加工

レーザ加工の特徴は，長所として次のようなものがある。

① 高パワー密度を有するため，加工対象となる材料が多岐にわたる。

② 非接触加工であるため，材料に力をかけないで加工できる。

③ 加工雰囲気を任意に選べる。

④ パワー密度や発振状態の制御及び加工ガスの利用によって，除去，付加，接合，焼入れ，材料の合成などの加工ができる。微細な加工も可能である。

⑤ 光ファイバやNCの利用により，複雑な形状の加工が可能である。

短所としては，次のようなものがある。

① 溶融を伴う加工では，工作物中に熱影響層が残る。

② 装置のコストが高い。

加工用レーザは主としてCO_2レーザとYAGレーザで，一部エキシマレーザも使用されている。図２－42にレーザ加工機の例を，図２－43にレーザ加工機による加工例を示す。

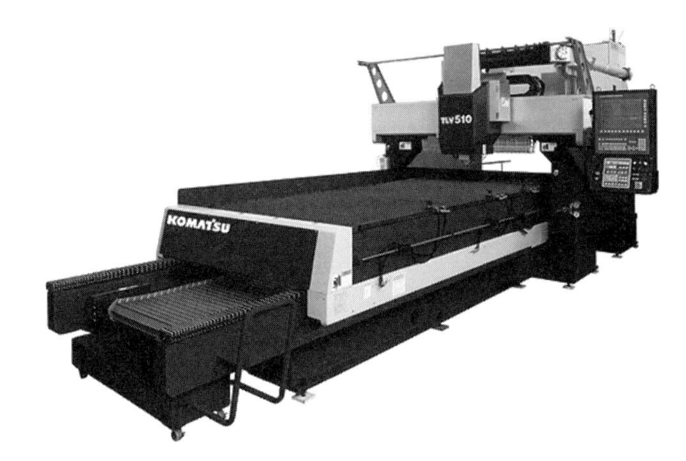

図２－42　レーザ加工機

出所：コマツ産機（株）

（ａ）SPCC鋼板の切断

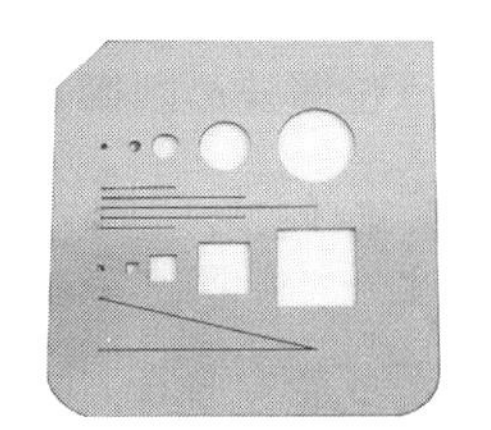

（ｂ）ステンレス板の切断

図２－43　レーザ加工機による高精度高速度切断の加工例

第2節　NC工作機械の制御方法とツーリングシステム

2．1　位置決め制御と輪郭制御

サーボ機構によるテーブルや主軸頭の最小移動量は，駆動モータの回転角によって決められ，これを**最小設定単位**と呼んでいる。一般には，1 μm（0.001mm）又は0.1 μm（0.0001mm）に設定されている。

図2－44に示すように，2軸を制御できるNC工作機械では，平面上の格子点位置にのみ位置決めが可能になる。図2－45に示す3軸制御では，立体の格子点位置にのみ位置決めが可能である。

NC工作機械は工作物を加工するとき，本体構造の構成方法により工具が移動する場合と，工作物が移動する場合があるが，加工は相対運動によって行われることから，両者とも同じ考え方でよい。プログラミングは，図示しやすく分かりやすいように，工作物を静止させ，工具を移動するという考え方で行われる。

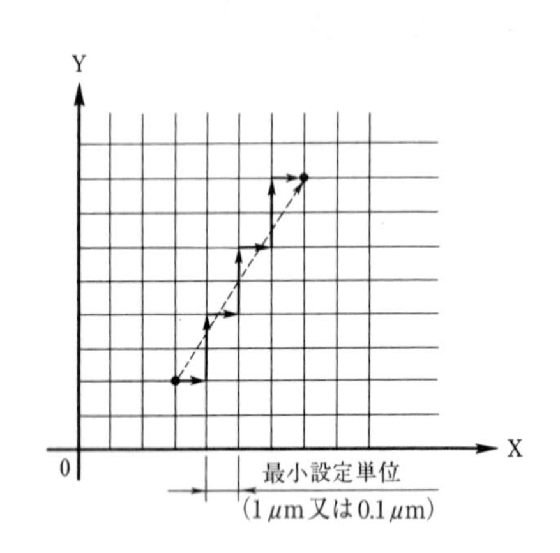

図2－44　2軸制御の位置決め

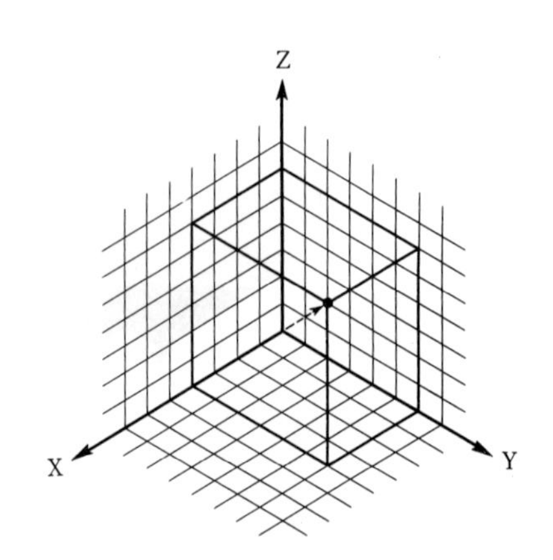

図2－45　3軸制御の位置決め

工具の2点間移動の制御方法には，図2－46で示すように，移動経路の指定を必要とせず，早送り動作で行う**位置決め制御**と，図2－47に示すように，始点から終点まで，工具が指定形状から離れないように，階段状の経路を移動する**輪郭制御**がある。輪郭制御には，同時に制御できる軸数によって，図2－48に示すような種類があり，直線形状，円弧形状，自由曲面形状などの加工が可能である。**同時2½軸制御**は，同時2軸により同一平面上の輪郭加工を行い，第3軸の切り込みを行うときは残りの2軸は停止させ，これらの動作を繰り返し行う制御方式である。

同時に制御する軸数が多くなるほど複雑な形状の加工を行うことができる。船舶のスクリューや飛行機のプロペラ，ジェットエンジンのタービンブレードなどは，直交3軸と旋回2軸を同時に制御する**5軸制御**によって加工が行われる。

輪郭制御は図2－49に示すように，主に**直線補間**と**円弧補間**によって行われる。直線補間は直線形状の加工を行い，円弧補間は円弧形状の加工を行う。直線補間と円弧補間は各軸のサーボモータへのパルス分配によって行う。

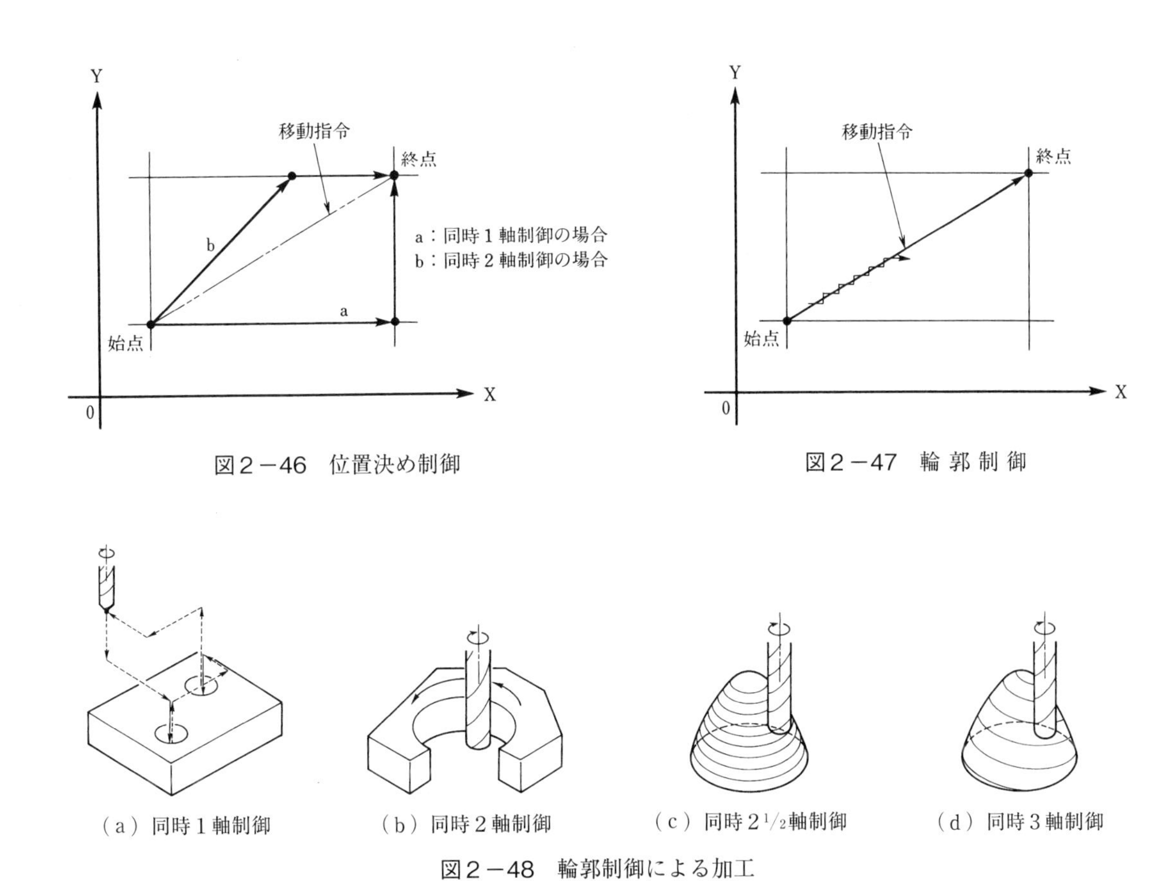

図2－46　位置決め制御

図2－47　輪郭制御

（a）同時1軸制御

（b）同時2軸制御

（c）同時2 1/2軸制御

（d）同時3軸制御

図2－48　輪郭制御による加工

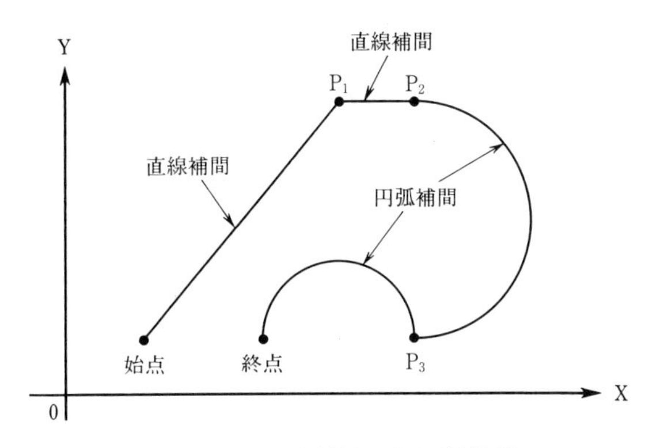

図2－49　直線補間と円弧補間

2．2　サーボ機構，フィードバック制御

駆動モータの回転によって，機械本体のテーブルや主軸頭を制御する機構を**サーボ機構**という。NC工作機械でサーボ機構に要求される性能は，制御の正確さと応答性である。正確さと応答性は両立しにくいが，各種モータの研究開発が行われ，ニーズに応えるモータとして現在は主にACサーボモータが使われている。

各種NC工作機械に利用されているサーボ機構の制御方式は，次の四つに分類できる。

① オープンループ方式
② セミクローズドループ方式
③ クローズドループ方式
④ ハイブリッドサーボ方式

図2－50に**オープンループ方式**を示す。この方式は，パルスモータを使った制御方式として実用化されたが，**フィードバック制御**（テーブルの速度や位置を検出し，動作が正しく行われているかを実際の動作と指令値を比較し，誤差が生じないように動作を補正する制御）がなされておらず，正確な移動距離や変位量が分からないため，加工精度にばらつきが出てしまう。この方式は，現在ではほとんど使用されていない。

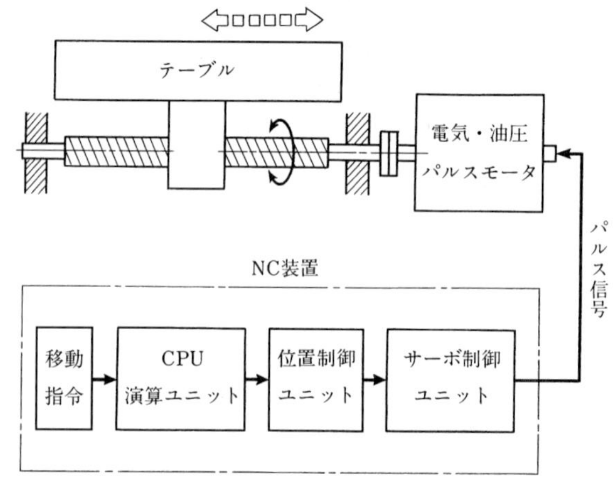

図2－50　オープンループ方式

図2－51に**セミクローズドループ方式**を示す。この方式は，モータ軸又は送りねじの回転速度や回転角度を，パルスコーダなどの検出器で検出し，テーブルの直線方向の移動距離に換算してフィードバック制御を行う。送りねじは精度の高い**ボールねじ**が使われている。この制御方式は，小形のNC工作機械などに現在も広く使われている。

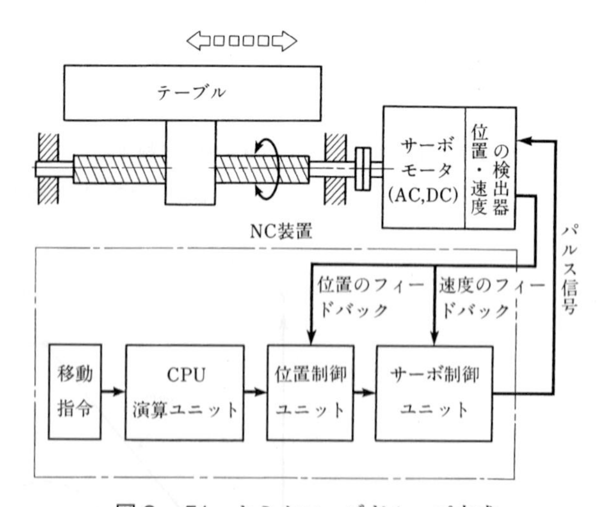

図2－51　セミクローズドループ方式

図2－52に**クローズドループ方式**を示す。この方式は，特別に高精度加工が要求される機

械や大形の NC 工作機械などに使われている。速度はパルスコーダのフィードバック制御により，位置は読取りスケールによって，フィードバック制御を行っているため，高精度な加工ができる。

ただし，導入費用が高くなるため，加工用途や精度によって前述のセミクローズドループ方式と使い分けられている。

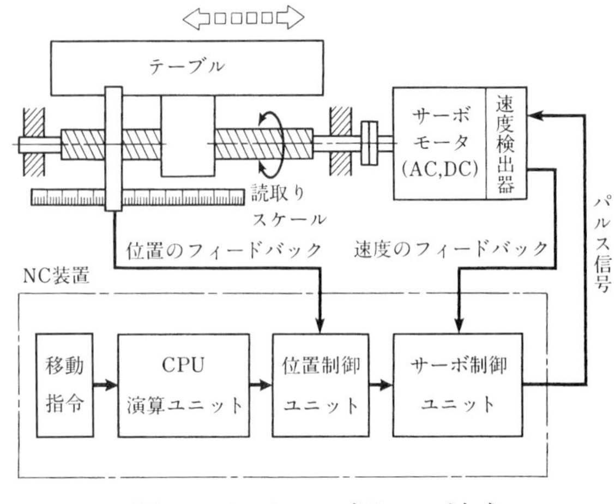

図２－52　クローズドループ方式

ハイブリッドサーボ方式は，セミクローズド方式とクローズド方式の両方を備えた制御方式である。機械の剛性，摺動面などに特別な配慮が必要な NC 工作機械に使われている。

２．３　送り駆動機構

（1）ボールねじ駆動

NC 工作機械では，テーブルや主軸の移動は駆動モータによって行われる。したがって，位置決めや送り速度は，駆動モータの回転に伴う送りねじの精度で決まり，送りねじの精度が加工精度に大きく影響する。

汎用工作機械の送りねじは，一般に台形ねじを用いている。この場合の送りねじは，ねじフランク面の面接触によって行われるため，摩擦が大きくなり，移動には大きなトルクが必要になる。また，ねじのバックラッシ除去装置を設けなければならないなど，NC 工作機械には不向きな送りねじである。

現在，NC 工作機械の送りねじは，図２－53 に示すような，**ボールねじ**を採用している。図２－54 に示すように，ボールねじの構造は複雑であるが，ねじ軸とナット間にあるボールの

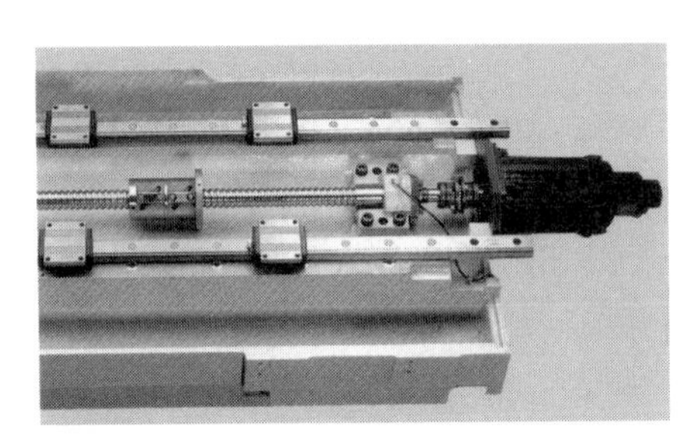

図２－53　NC 工作機械の送りねじ

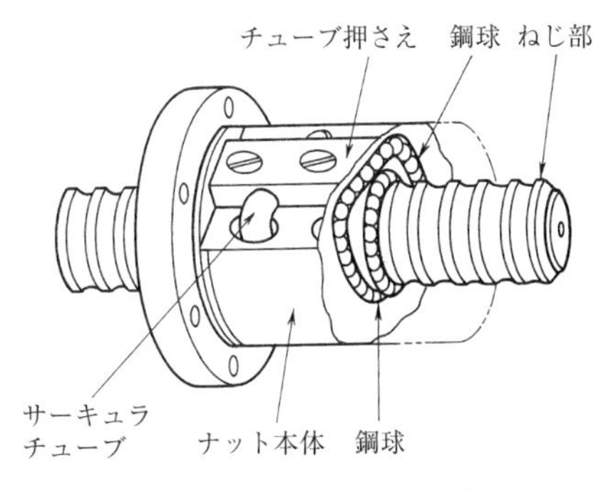

図２－54　ボールねじの構造

点接触による送りによって，テーブルや主軸の移動が滑らかになり，また，バックラッシも小さくでき，高い精度で位置決めや送り速度を制御することができる。

ボールねじを使用してもバックラッシは生じる。そこでボールねじでは，予圧をかけてバックラッシを除去している。図2－55にボールねじの予圧のかけ方を示す。

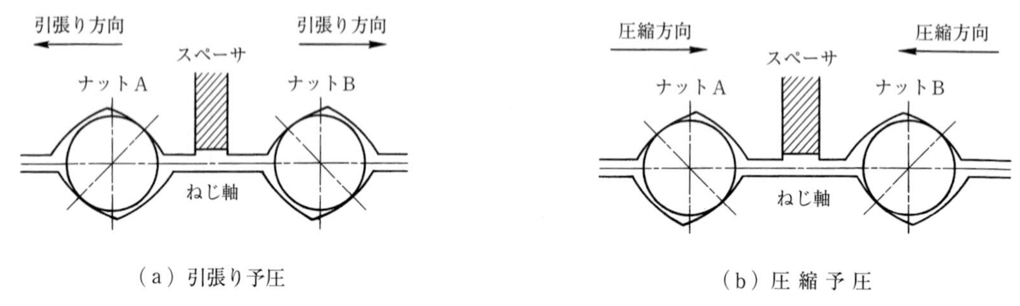

図2－55　ボールねじのバックラッシ除去のための予圧のかけ方

NC工作機械には，テーブルや主軸頭の正負方向の位置決め誤差から，バックラッシの大きさを測定し，それをNC装置のパラメータに記憶させ，バックラッシを除去するという**バックラッシ補正機能**が標準装備されている。

テーブルの移動量は，駆動モータの回転速度及び回転角度により決まり，テーブルの移動速度は，単位時間内の駆動モータの回転角度により決まる。駆動モータの回転角度は，**パルス電流**によって制御されている。パルス電流とは，一定値以上の電圧をもつ瞬間的な電流のことで，このパルス電流が発生するごとに，駆動モータが一定角度回転する。連続して回転しているように見える駆動モータも，実際には一定角度の回転を繰り返している。

次に，テーブル移動のメカニズムを調べてみることにする。

サーボ機構の駆動モータは，現在，ACサーボモータが主流になっているが，テーブルの送り駆動機構を分かりやすくするために，パルスモータの場合で説明する。

1パルス当たり1.2°回転するパルスモータの場合，歯車によりさらに回転を半分に減速すると，1パルス当たり0.6°回転する。したがって，図2－56に示すように，ボールねじのリー

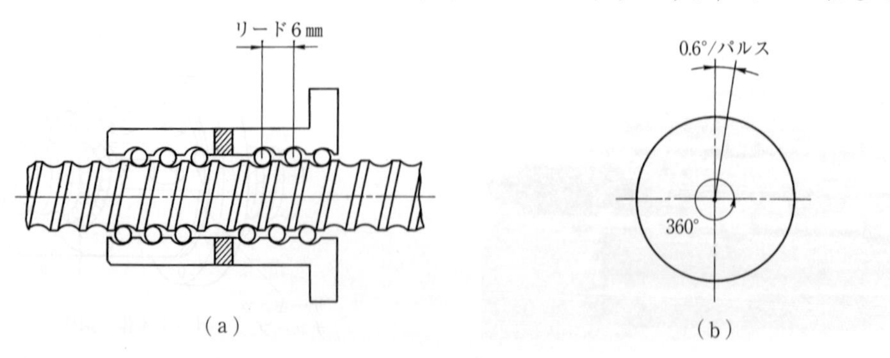

図2－56　ボールねじの回転角とパルス

ドを６mm とすると，１パルスによってテーブルの移動する距離は，0.01mm（= 6 ×(0.6／360)）となる。つまり，１パルス発生するごとにテーブルは 0.01mm 移動することになる。

テーブルを１mm/sec の速さで 200mm 移動させるには，毎秒 100（= 1 ÷0.01）パルスの割合で 20,000（= 200÷0.01）パルスを発生させればよい。

なお，DC サーボモータでは，パルス信号をデジタル・アナログ変換回路により，パルス量に比例した直流電流に変換して，モータを回転させている。AC サーボモータでは，交流の周波数制御を行うことにより回転速度を制御している。原理的には，パルスモータの場合と同じようなテーブル送りのメカニズムと考えてよい。

（2）リニアモータ駆動

図２－57 に示すリニアモータアクチュエータは，コイル巻線及びコイルの冷却部を一体化した可動スライダ部（コイルモジュール）と磁界を発生する固定磁石板（マグネットプレート）などから構成され，歯車などの機構を介さずに直線運動が得られる。駆動部は，ボールねじ，ベルトなどのたわむ要因をもつ摩耗部品を使用しない非接触のため，モータの追従性アップによる高速度化，高精度化を実現した。さらに，部品点数なども少なくなり，機構部のメンテナンスが容易になった。

リニアモータのシステム構成を図２－58 に示す。リニアモータは，従来のサーボ機構と異

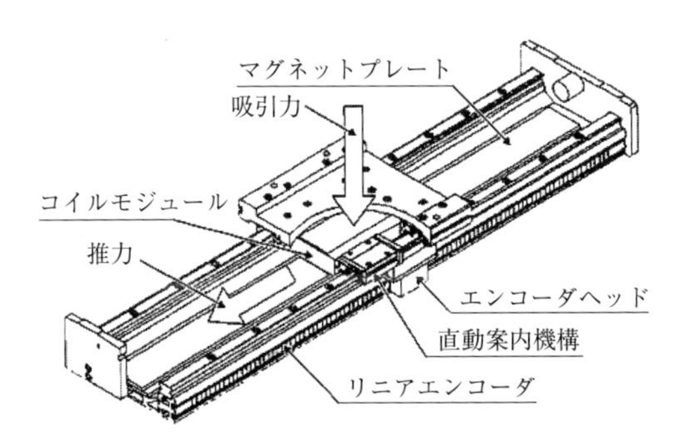

図２－57　リニアモータアクチュエータ

出所：THK（株）

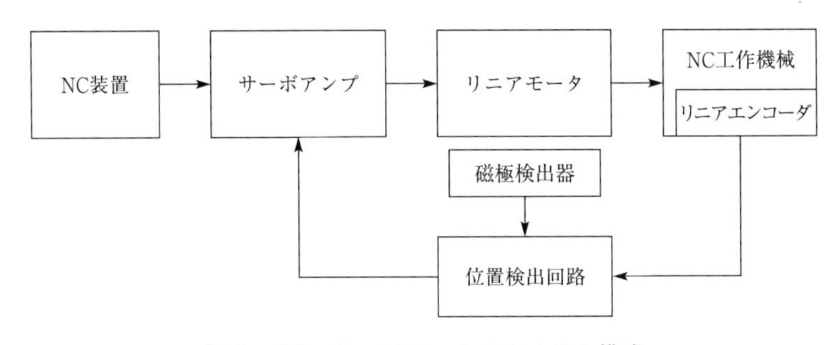

図２－58　リニアモータのシステム構成

なり，モータの質量が小さく，発生する推力は工作物を含めた移動体の移動方向に直接作用するため，高効率の駆動が可能である。現在のリニアモータは，最高速度５m/s（300m/min），最大加速度30Gを超える高速・高加速性能が得られる。

図２－59は，質量の大きなコラムを高速・俊敏に移動させるため，X軸にリニアモータを使用した５軸マシニングセンタの例で，航空機部品など大物構造部品の削り出し加工に用いる。主な仕様は，主軸回転速度30,000min^{-1}，切削送り速度40,000mm/min（40m/min）で，φ20くらいのエンドミルで効率的な重切削を可能にしている。

図２－59　リニアモータ搭載の５軸マシニングセンタ

２．４　ツーリングシステム

NC工作機械では，加工の能率化や自動化のために，工具を効率的に使うことが求められる。この役割を演じているのがツーリングシステムである。

ツーリングシステムは，NC工作機械の種類によって異なるため，ここでは，NC旋盤とマシニングセンタについて説明する。

（１）NC旋盤の場合

図２－60は，NC旋盤の十二角刃物台に取り付ける工具及びホルダなどのツーリングシステムの例である。端面や外径加工用のバイト及びホルダは，図２－61のようにホルダに対して垂直もしくは水平に取り付けられ，小径の内径加工用のバイト，スリーブ及びホルダは，図２－62のようにホルダに対して水平に取り付けられる。そのほかには，溝入れやねじ切り用の工具などがある。いずれの工具を用いる場合にも，取り付けた工具の刃先の相対位置をNC装置に記憶させなければならない。

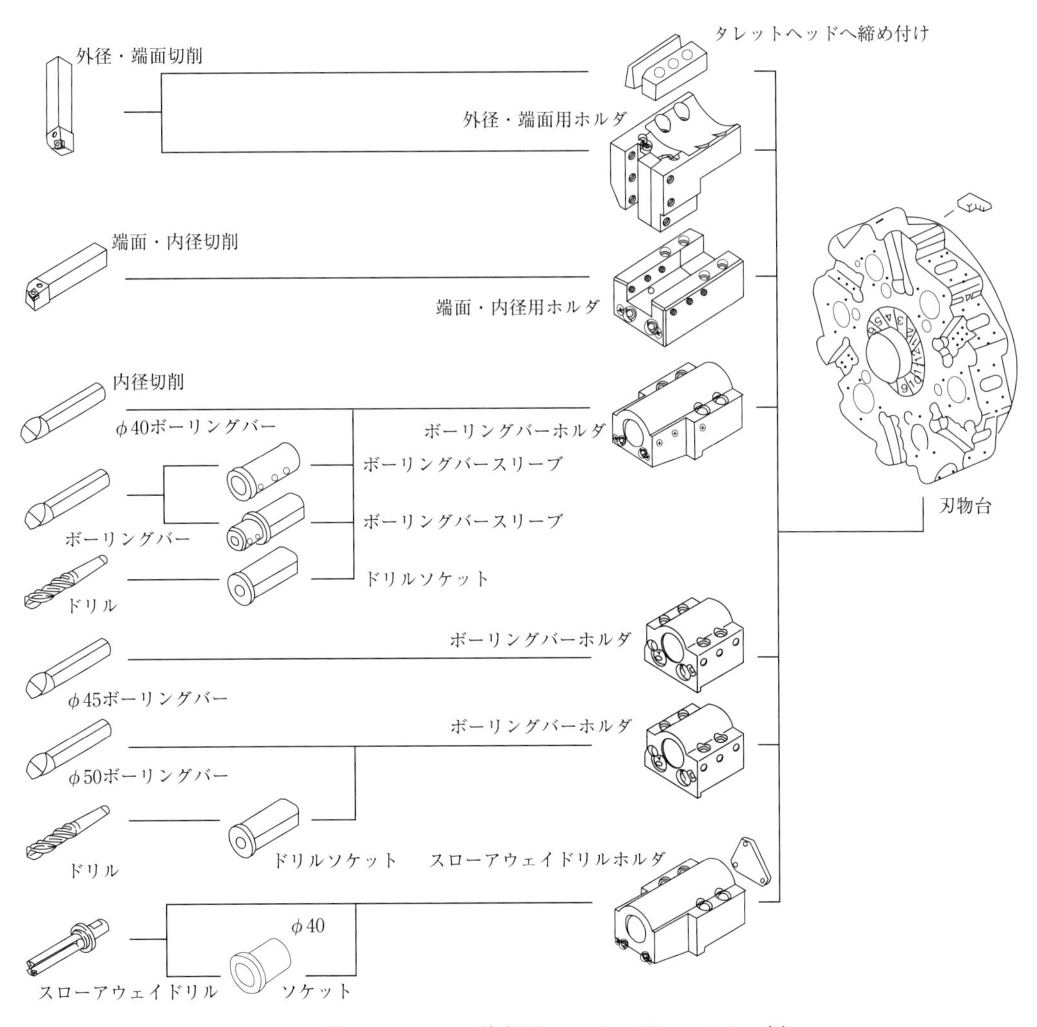

図２－60　NC 旋盤用ツーリングシステムの例

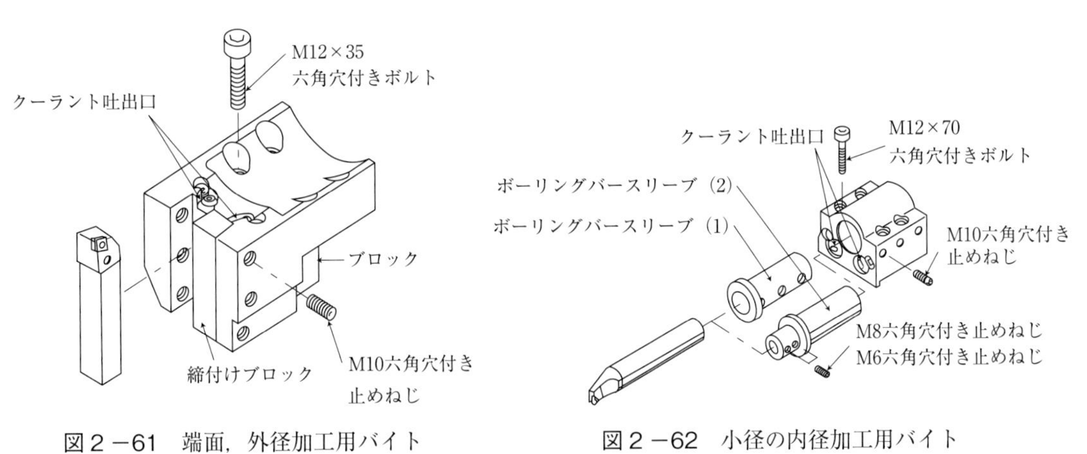

図２－61　端面，外径加工用バイト

図２－62　小径の内径加工用バイト

工具刃先の検出方法には，顕微鏡により光学的に工具位置を測定する方法と，タッチセンサを使う電気的な方法とがあるが，ここでは，電気的な方法を説明する。図２－63 は，**ツールプリセッタ**と呼ばれる電気的な測定装置である。

この装置は，収納可能なアームとその先に**タッチセンサ**が付けられていて，図２－64 のように，主軸方向 Z 座標と半径方向 X 座標を測定でき，測定した座標値は自動的に補正用メモリに記憶される。この測定値は，工作物を基準に設定されるワーク座標系を決定する場合，重要な役割を果たす。

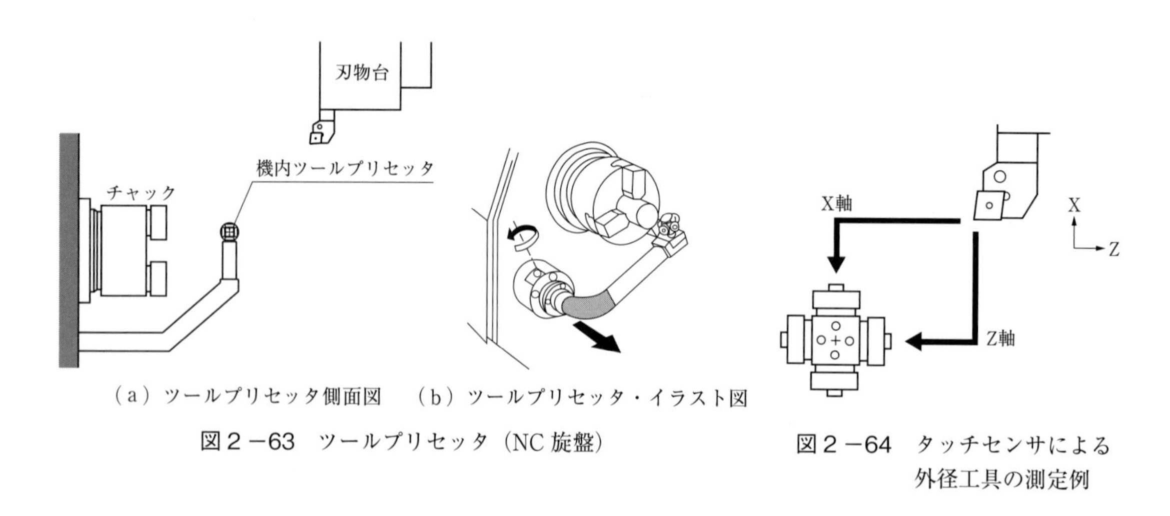

（a）ツールプリセッタ側面図　（b）ツールプリセッタ・イラスト図

図２－63　ツールプリセッタ（NC 旋盤）

図２－64　タッチセンサによる外径工具の測定例

（2）マシニングセンタの場合

工具は主軸に取り付けられて切削加工が行われ，その加工内容によっていろいろな工具が使用される。図２－65 にマシニングセンタのツーリングシステムの例を示す。

図２－66 は，ホルダに切削工具を取り付けた例であり，主に正面フライスは平面切削を，エンドミルは溝切削や側面切削を，ドリルは穴あけ，タップはねじ立てなどを行う。これらの工具は，刃先形状や直径が異なるため，工具ごとにホルダ基準面（ゲージ面）からの工具長と工具径を測定する必要がある。測定方法には，図２－67 のように，主軸から工具を外した状態で専用装置により測定する方法と，主軸に工具を装着した状態で測定し，測定値を自動的にメモリへ記憶する方法がある。

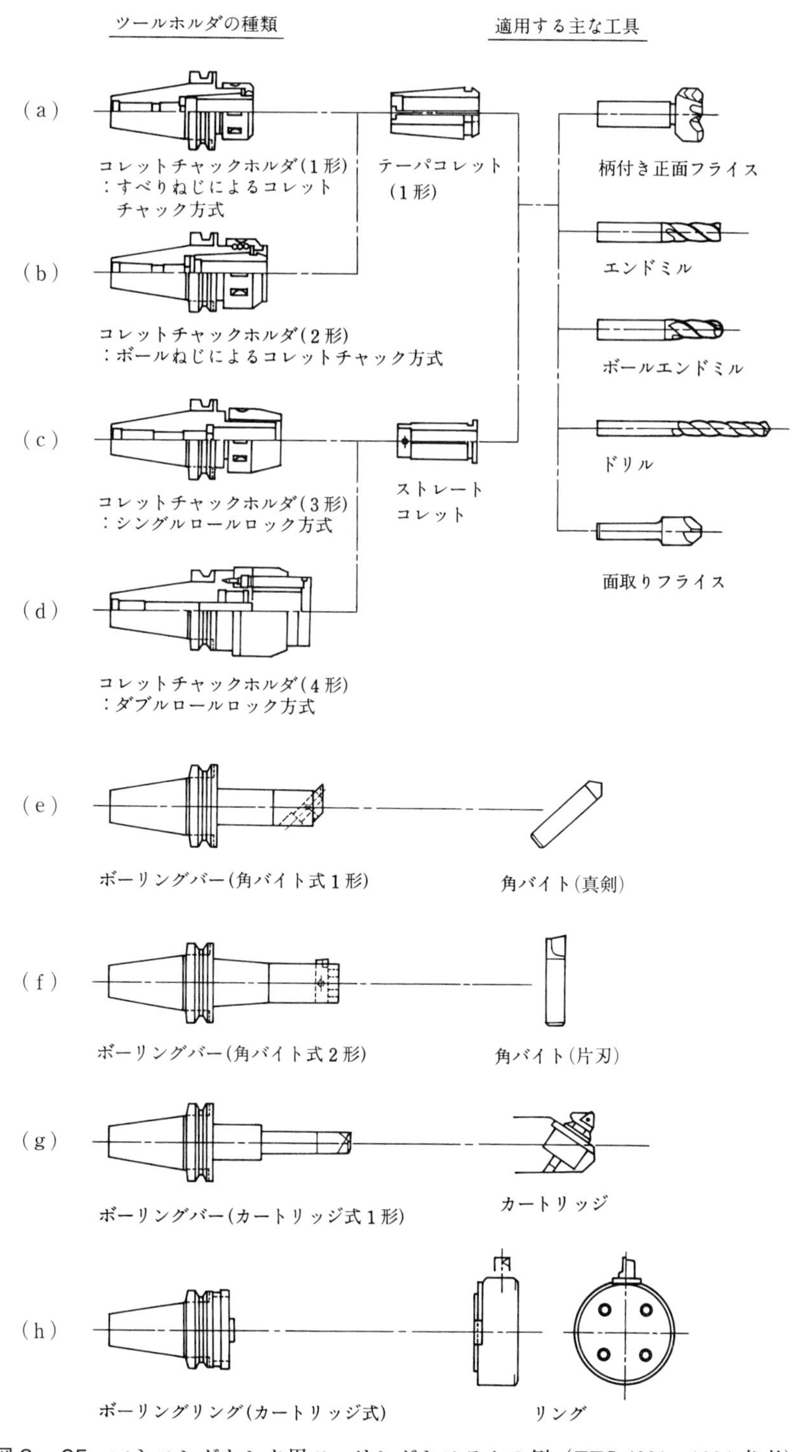

図2－65　マシニングセンタ用ツーリングシステムの例（TES 4001：1994 参考）

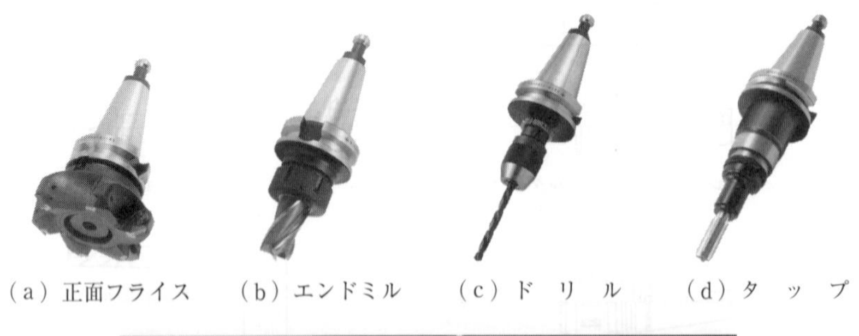

（a）正面フライス　（b）エンドミル　（c）ド　リ　ル　（d）タ　ッ　プ

（e）ツールスタンドの各種工具

図2－66　ホルダに取り付けられた各種工具

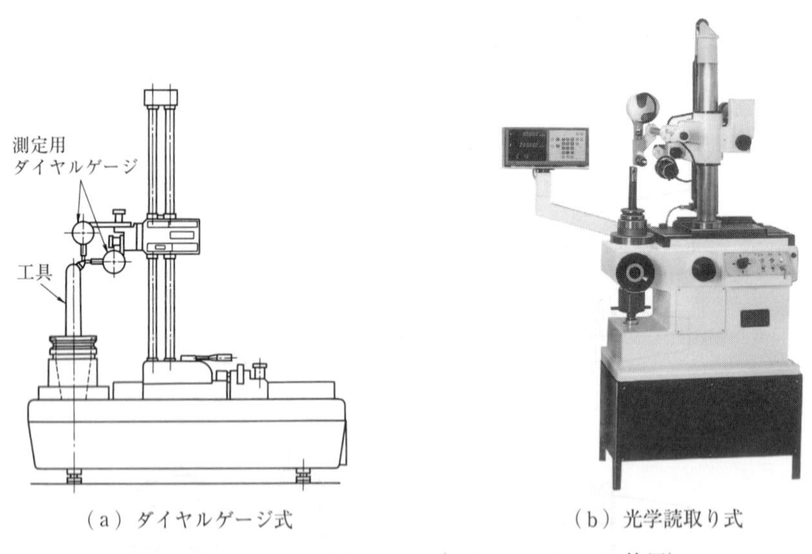

（a）ダイヤルゲージ式　（b）光学読取り式

図2－67　ツールプリセッタ（マシニングセンタ等用）

図2－68は，各種工具の工具長と工具径の測定箇所を示しており，これらの測定値は，工具補正値として制御装置に記憶させる。マシニングセンタの加工を始める前には，図2－69に示すようなATCマガジンと呼ばれる工具収納装置に，加工に必要な各種工具を収納する。工具は加工の順序に従って，自動工具交換装置（ATC）により交換され，主軸に取り付ける。

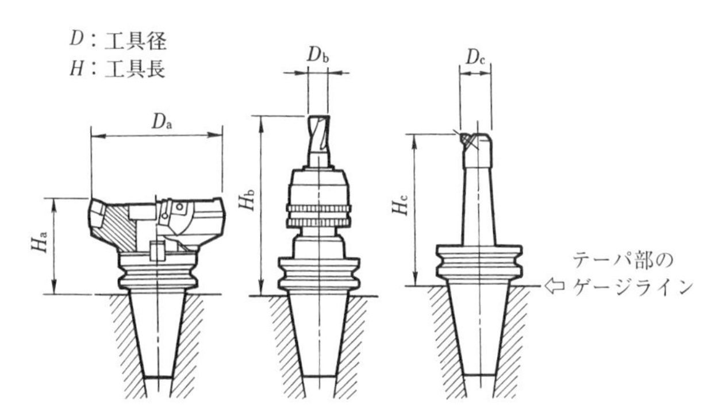

図2－68　各種工具の測定箇所

（a）ドラム形マガジン

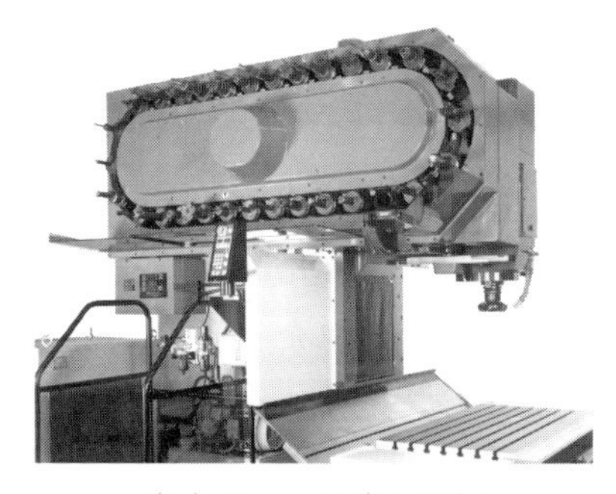

（b）チェーン形マガジン

（c）予備工具用マガジン

図2－69　工具収納用各種マガジン

マシニングセンタの主軸回転速度が，10,000min^{-1}以下で使用されていたときは，図2－66に示すような，呼び番号がBT30～BT60（日本工作機械工業会規格による(2)）のボルトグリップテーパ形ツールシャンクによる加工が主流であった。しかし，最近では「本章第1節1．2」で述べたような，主軸回転速度が20,000～120,000min^{-1}の能力をもつマシニングセンタの登場により，ツーリングシステムの新たな課題が発生することとなった。

(2)　現在はJIS B 6339－1～－3：2011に統合された。

従来のBTシャンクホルダでは，主軸が高速回転すると遠心力が大きくはたらき，主軸端が半径方向に広がってしまう。すると，軸方向へホルダが引き込まれる現象が起きて，その結果，刃先の位置決め精度や切削能力の低下，ホルダの取付不良などの不具合が発生してしまう。

この問題を解決するために，2面拘束形に代表されるHSKシャンク(3)が開発され，利用されている。図2－70にHSKシャンクのクランプ機構を示す。

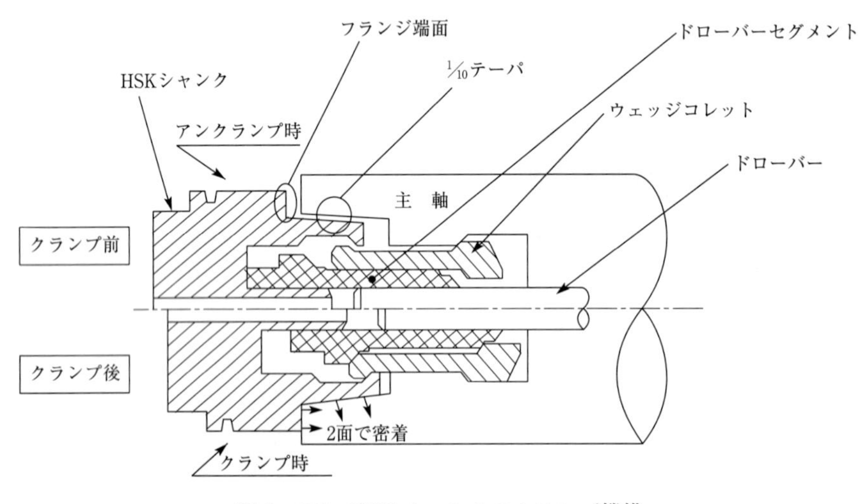

図2－70　HSKシャンクのクランプ機構

ドローバーにより工具の引き込みが行われると，ドローバーセグメントがウェッジコレットを外側に開きながら後方へ移動する。ウェッジコレットのくさびは，HSKシャンク内面のくさびと接触し，HSKシャンクを引き込む。HSKシャンクが引き込まれた状態では，シャンクの1/10テーパ面とフランジ端面が主軸端と2面で接触する。

BTシャンクでは，テーパ面だけで接触していたため，遠心膨張によるホルダの軸方向位置ずれが生じたが，HSKシャンクでは，フランジ端面による接触があるため，ホルダが軸方向に移動することを抑制できている。また，HSKシャンクのテーパの呼びは1/10であり，BTシャンクの7/24に比べると小さく，シャンク部の長さをより短くできることから，HSKシャンクはショートテーパと呼ばれ，工具交換時のストロークを短くできるため，ATC時間の短縮にも寄与している。

(3)　HSKのほかにKM，BBT，NC 5などが存在するが，HSK以外は規格化されていない。

第2章のまとめ

1．NC 旋盤における周速一定制御及び刃先 R 補正について，それぞれの特徴を説明しなさい。

ａ．周速一定制御：

ｂ．刃先 R 補正：

2．マシニングセンタの特徴を三つあげなさい。

ａ．

ｂ．

ｃ．

3．次の文中の（　　）にあてはまる語句を記入しなさい。

形彫り放電加工機は，銅，タングステン，グラファイトなどの（　　）を電極とし，必要とされる形状に電極を加工し，電極と工作物の間にパルス状の（　　）を加え，間欠的な（　　）による（　　）作用と加工液による溶融物の（　　）作用を利用した工作機械である。

ワイヤ放電加工機が形彫り放電加工機と異なるのは，電極として細い（　　）を用いている点にある。このため，微細な複雑形状の加工や（　　）の均一な凸型・凹型の金型加工に適している。

4．次の文中の（　　）にあてはまる語句を記入しなさい。

サーボ機構の制御方式で，現在最も多く利用されているのが（　　）である。この方式は（　　）又は（　　）の回転速度や回転角度を，パルスコーダなどの検出器で検出し，（　　）制御を行っている。

5．ボールねじの利点を三つあげなさい。

ａ．

ｂ．

ｃ．

６．次の文中の（　　）にあてはまる語句を記入しなさい。

　リニアモータでは（　　）などの機構を介さずに直線運動が得られる。リニアモータは従来のサーボ機構と異なり，モータの（　　）が小さく，発生する推力は工作物を含む移動体の移動方向に直接作用するため，（　　）の駆動が可能である。

７．20,000〜120,000min^{-1}の高速回転速度のマシニングセンタが登場したことにより，ツーリングシステムにおいて，どのような問題が発生してきたか。

　この問題を解決するために，どのようなツーリングシステムが開発されたか。

第3章 NC言語・プログラム

NC工作機械の基本動作には，刃物台・テーブルの動き（方向，距離，速度），工具の選択，主軸回転速度の設定や主軸回転，切削油剤のオン・オフなどがある。これらの動作は，すべてNC装置が理解できるプログラム言語で指令される。この言語は，NCプログラムと呼ばれ，アルファベットと数字などで構成される。

この章では，NC工作機械で決められている基本的なNCプログラムのフォーマットや約束事を学ぶ。

第1節　座　標　系

1．1　座標軸の定義

実際に工作物を工具で加工する場合には，機械上において工具と工作物の位置関係を，絶えず正確に把握していなければならない。この役目をするのが座標系であり，座標系を構成するのは座標軸である。

NC 工作機械の座標軸を決める場合，工具が動くことを前提とし，図３－１に示すような右手直交座標を標準座標系としている。親指を X 軸とし，人差し指は Y 軸，中指は Z 軸，指先の方向を＋（プラス）としている。一般に Z 軸は，主軸（回転軸）に平行な軸であり，各種 NC 工作機械は，図３－２～図３－９に示すような座標系を設定している。ただし，＋X，＋Y，＋Z は工具の運動の表示であり，（　）内は機械の動きを示す。

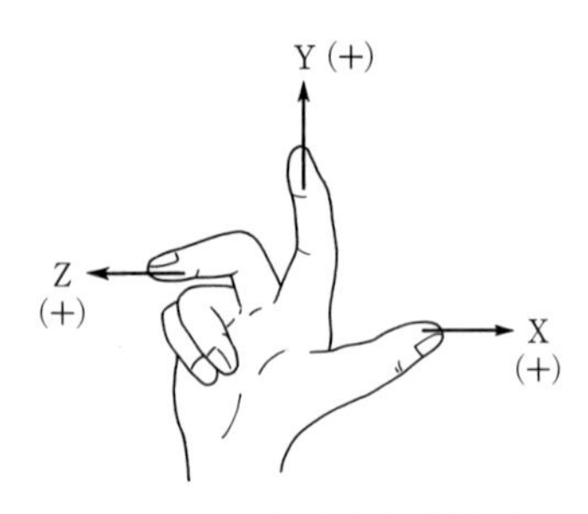

図３－１　右手直交座標系

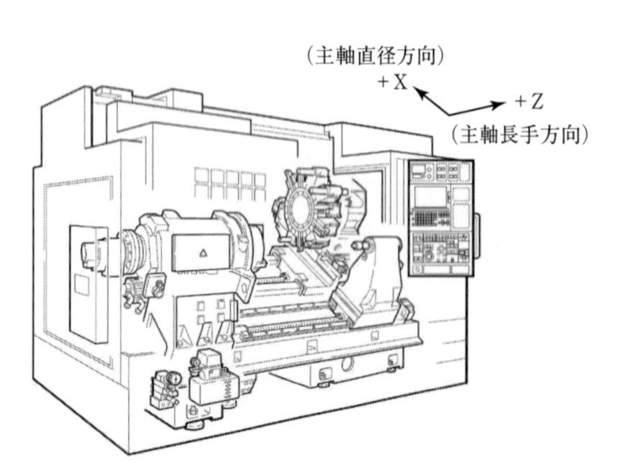

図３－２　NC 旋盤の座標系（JIS B 0105：2012）

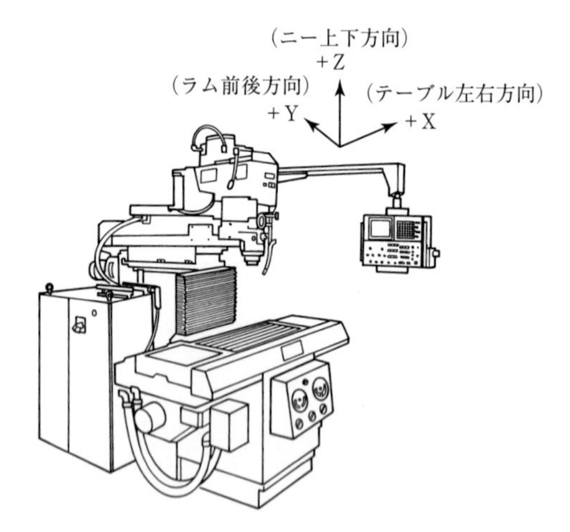

図３－３　NC 立てフライス盤の座標系

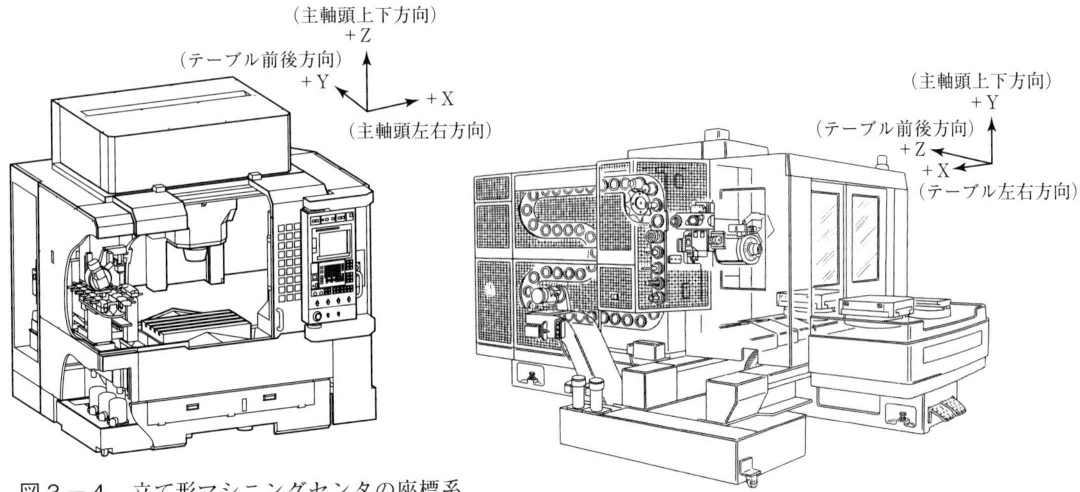

図３－４　立て形マシニングセンタの座標系
(JIS B 0105：2012)

図３－５　横形マシニングセンタの座標系
(JIS B 0105：2012)

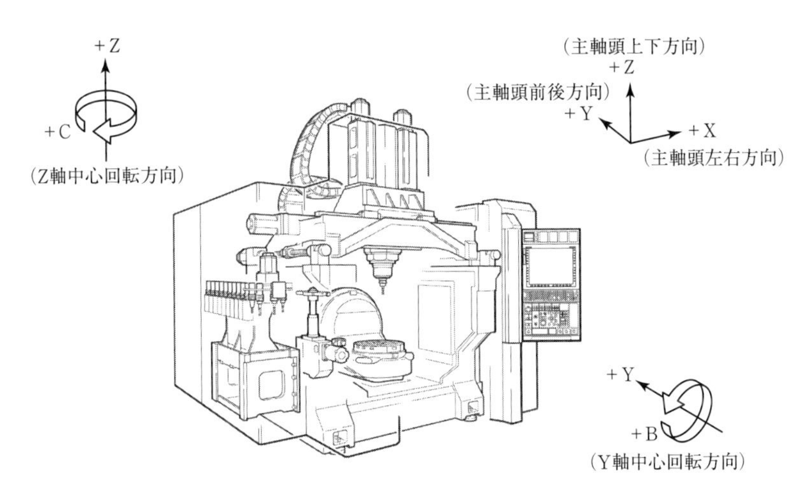

図３－６　５軸マシニングセンタの座標系（JIS B 0105：2012)

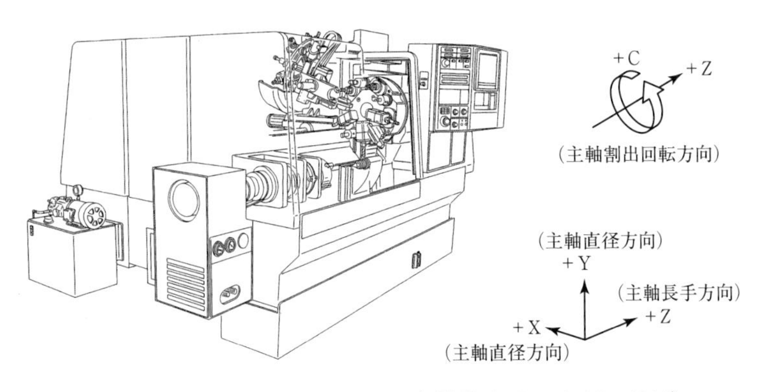

図３－７　ターニングセンタの座標系（JIS B 0105：1993)

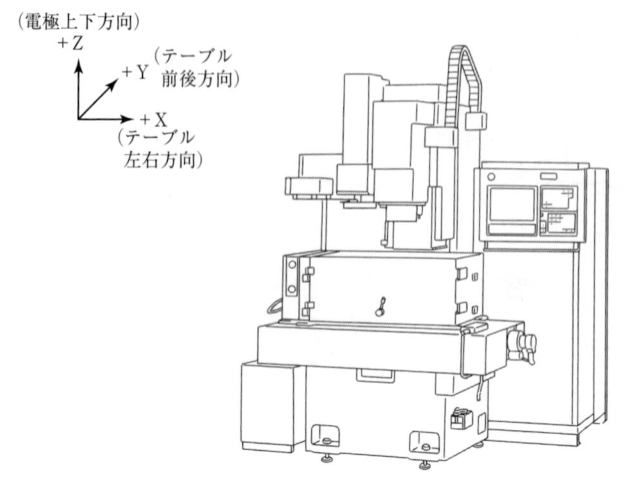

図３－８　形彫り放電加工機の座標系（JIS B 0105：2012）

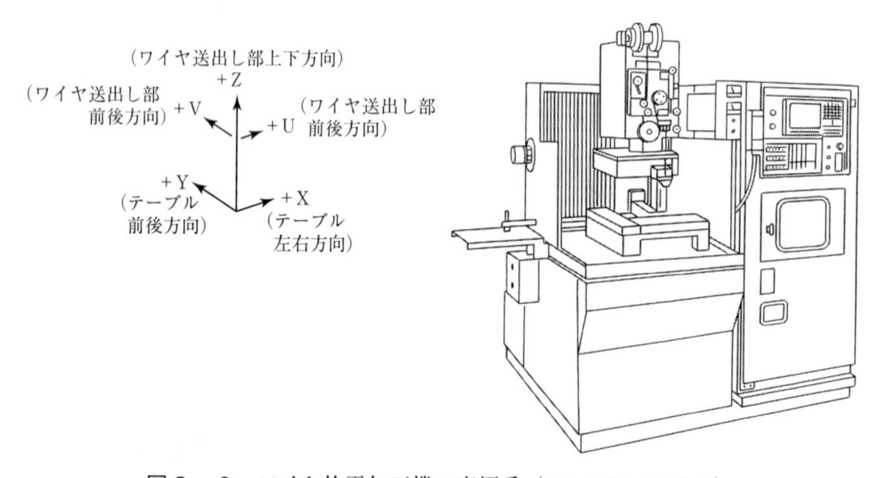

図３－９　ワイヤ放電加工機の座標系（JIS B 0105：2012）

１．２　機械座標系とワーク座標系

座標系には，NC工作機械側がもっている固有の座標系と，工作物を基準とする座標系の二つがある。前者を機械座標系，後者をワーク座標系と呼んでいる。

（１）機械座標系

それぞれのNC工作機械は，固有の機械基準点（機械原点）をもち，この機械基準点によって工作機械の座標系，つまり機械座標系が設定される。

基準点は，原則として工具と工作物が最も離れる位置，すなわち図３－10，図３－11に示すように刃物台やテーブル，主軸頭の動作の終端位置（ストロークエンド）に設定される。

この基準点の位置に戻すことを原点復帰といい，この動作を行わせることにより，刃物台と主軸台，テーブルと主軸頭との位置関係を明確に把握できる。

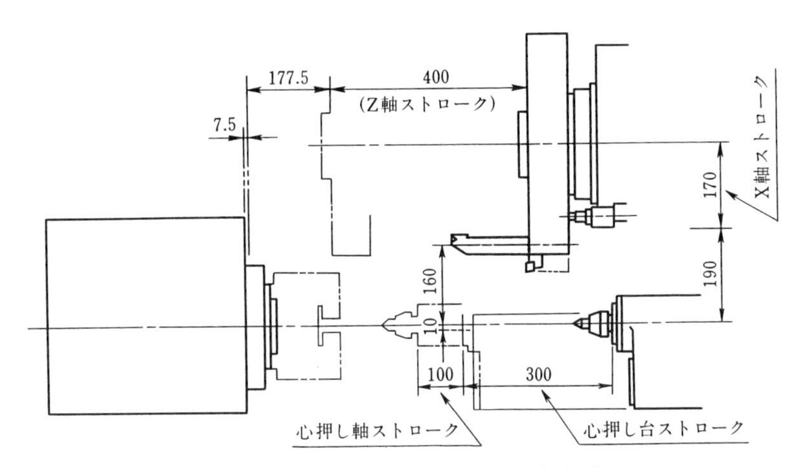

図３－10　NC旋盤の機械座標系（例）

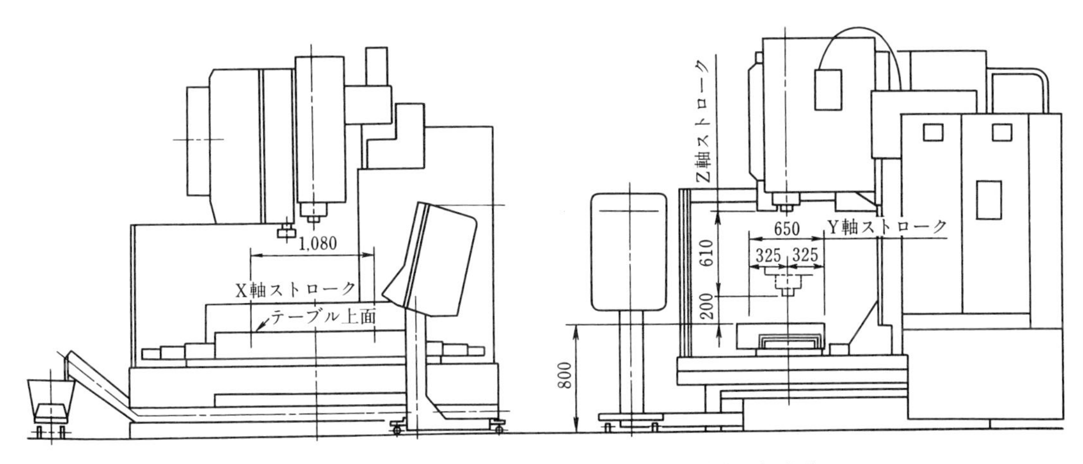

図３－11　立て形マシニングセンタの機械座標系（例）

（2）ワーク座標系

ワーク座標系は，工作物の加工基準点を原点として設定される座標系をいう。このワーク座標系の設定法には，次の二通りの考え方がある。

第一は，図３－12のNC旋盤におけるワーク座標系に示すように，工作物の特定の位置にあらかじめ原点を１個設けて，その原点を基準として座標系を設定する方法である。

第二は，図３－13に示すようにマシニングセンタなどで，複数の部品をテーブル上に同時に取り付けて連続加工を行う場合に用いられる座標系である。各々の原点と機械基準点との距離を測定し，その測定値をNC装置に保存させる方法である。一つの工作物の加工が終了すると，自動的に次の工作物の座標系が呼び出され，各ワーク座標系を基準にして，連続加工を行うことができる。

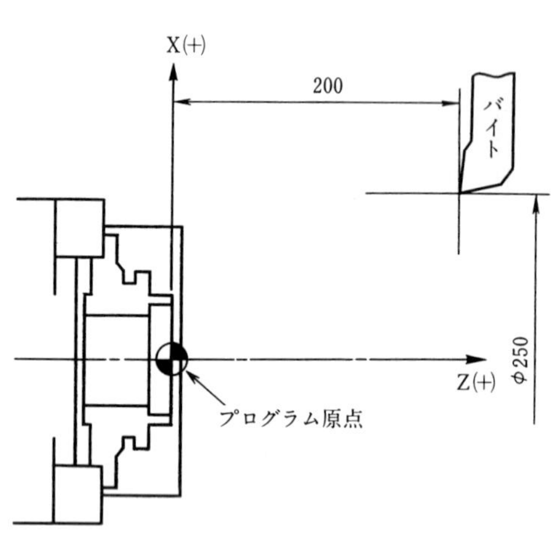

図3－12　NC旋盤におけるワーク座標系

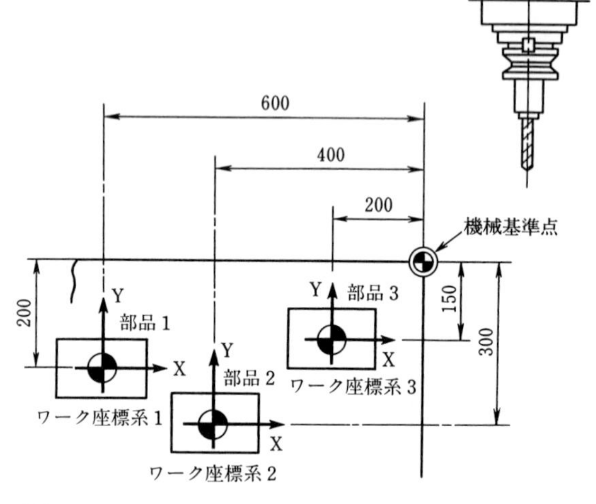

図3－13　マシニングセンタにおけるワーク座標系

1．3　座標情報の表し方

NC工作機械において，刃物台やテーブルを目標の位置に移動させるには，次に示すような三つの情報が必要である。

①　どの軸を選択するか（X，Y，Z）

②　どちらの方向に動作させるか（＋，－）

③　どのくらいの距離を移動させるか（mm，μm）

その指令は，図3－14に示すようにアルファベット，記号などを用いて行う。

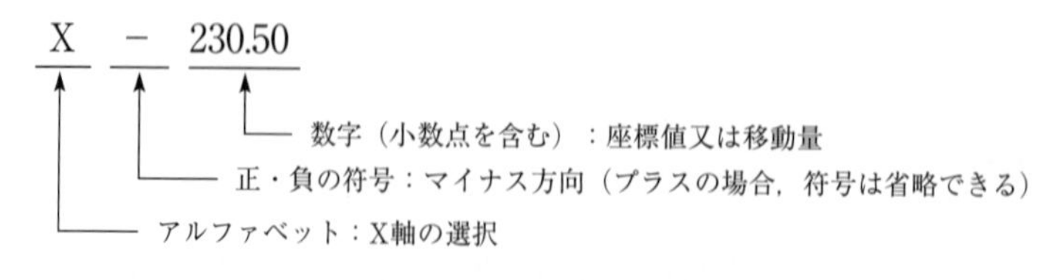

図3－14　移 動 指 令

つまり，軸の選択はアルファベットで，方向は正・負の符号で，そして距離，座標値などは小数点を含んだ数字で表す。機械の座標系（各軸）及び運動の方向（正・負）は，JIS B 6310：2003「産業オートメーションシステム－機械及び装置の制御－座標系及び運動の記号」に規定されている。

1．4 移動指令方式

工作物を加工するには，工具をワーク座標系上で各点に移動していかなければならない。この移動を指令する方式には，インクレメンタル[1]方式とアブソリュート方式の二つがある。

(1) インクレメンタル方式

インクレメンタル方式とは，図３－15に示すように，移動指令を現在の位置からの増分値で与える方法で，増分値方式ともいう。

この方式は，移動指令後の位置が次の指令のときの現在位置になり，座標系を意識することなく，加工順序に従って工具経路をプログラムすることができる。しかし，加工順序を変更したり，工程を追加・省略する場合には，プログラムを初めから作り直す必要がある。

(2) アブソリュート方式

アブソリュート方式とは，図３－16に示すように，あらかじめ設定した座標系に基づいて座標値を移動指令値として与える方法であり，絶対値方式ともいう。

この方式では，ワーク座標系原点からの距離を指令することによって，現在位置から指令位置への工具経路を設定することができる。したがって，工具経路を変更する場合には，その部分だけを編集するだけでよく，効率的なプログラミングを行える。

図３－17は点P_0からP_6までの移動経路を示している。表３－１はインクレメンタル方式並びにアブソリュート方式を用いて図３－17の指令値を表している。いずれの方式の場合も正の符号は省略できる。

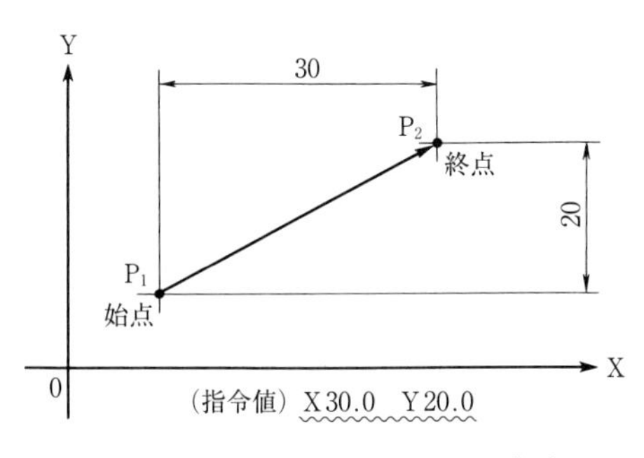

図３－15 インクレメンタル方式

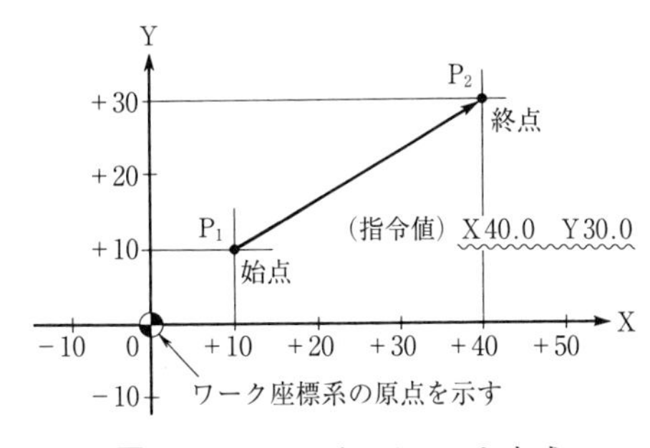

図３－16 アブソリュート方式

(1) 訓練現場では「インクリメンタル」と称されることもあるが，JISでは「インクレメンタル」と表記されている。

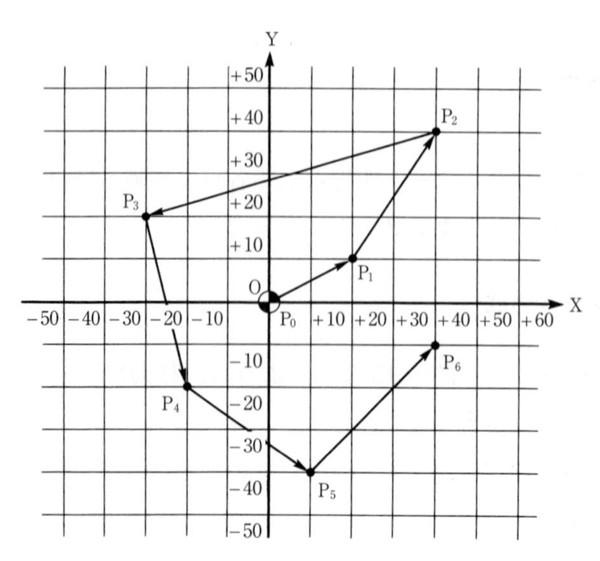

図3−17　インクレメンタルとアブソリュート指令

表3−1　インクレメンタル指令とアブソリュート指令

	インクレメンタル指令		アブソリュート指令	
P_0 → P_1	X 20.0	Y 10.0	X 20.0	Y 10.0
P_1 → P_2	X 20.0	Y 30.0	X 40.0	Y 40.0
P_2 → P_3	X −70.0	Y −20.0	X −30.0	Y 20.0
P_3 → P_4	X 10.0	Y −40.0	X −20.0	Y −20.0
P_4 → P_5	X 30.0	Y −20.0	X 10.0	Y −40.0
P_5 → P_6	X 30.0	Y 30.0	X 40.0	Y −10.0

第2節　NCデータ（プログラムフォーマット）

2．1　プログラムとNC工作機械

加工の手順や方法をNC装置が理解できる言葉に表したリストを，NCプログラム（単にプログラム）と呼んでいる。プログラムのNC装置への入力手段は，図3－18に示すように，直接キー操作で行う方法と，プログラム編集用PC又はCAD/CAMシステムでプログラムを作成して，各種記録メディアや通信プロトコル（例えばRS232Cや無線LAN）で転送する方法がある。

NC装置は，プログラムを翻訳して指令信号を機械本体に送り，工作物の加工が行われる。したがってプログラムは，NC装置が理解できるように，あらかじめ決められた約束に従って作成しなくてはならない。

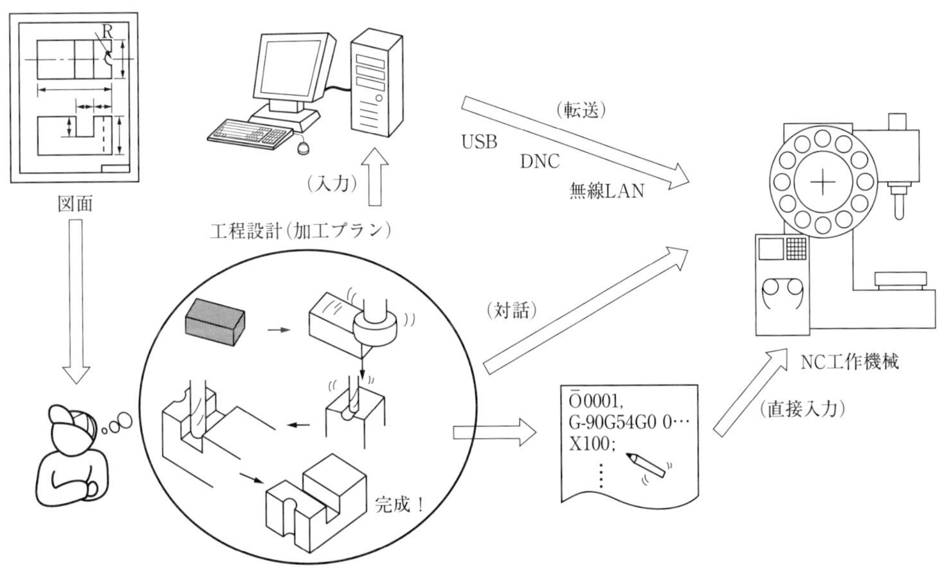

図3－18　NCプログラムとNC工作機械

2．2　プログラムの構成

プログラムの一例を図3－19に示す。これは，バイトでϕ60の外径を仕上げ切削するプログラムである。Ō0002のプログラム番号で始まり，M02のエンドオブプログラムで完了している。

ここで，プログラムの①～⑧の各行を「ブロック」と呼び，その最小単位は，図3－20に示すような英文字のアドレス（又はアドレスキャラクタ）と数字（又は数字キャラクタ），符号及び小数点（又は記号キャラクタ）からなるデータにより構成されている。この最小単位を「ワード」と呼んでおり，一つの意味を表している。また，図3－21に示すように，ワードの集合体であるブロックは，セミコロン（；＝EOB）で区切られる。EOBはブロックの終了を意味する（本書ではEOBを［；］で表示している）。

ブロックの集合体は，図3－19の表に示したように，一連の工程を行うプログラムを形成している。

	プログラム	意　　味
①	Ō0002;	プログラム番号No. 2
②	T0303;	工具の呼出しNo. 3
③	G50 X300.0 Z150.0;	ワーク座標系設定
④	S600 M03;	主軸回転速度600min^{-1}，主軸回転オン
⑤	G00 X60.0 Z5.0;	工具を早送りで工作物に近づける
⑥	G01 X60.0 Z－70.0 F0.1;	切削送り　送り量0.1 mm/rev
⑦	G00 X300.0 Z150.0 M05;	工具を元に戻し，主軸回転オフ
⑧	M02;	エンドオブプログラム

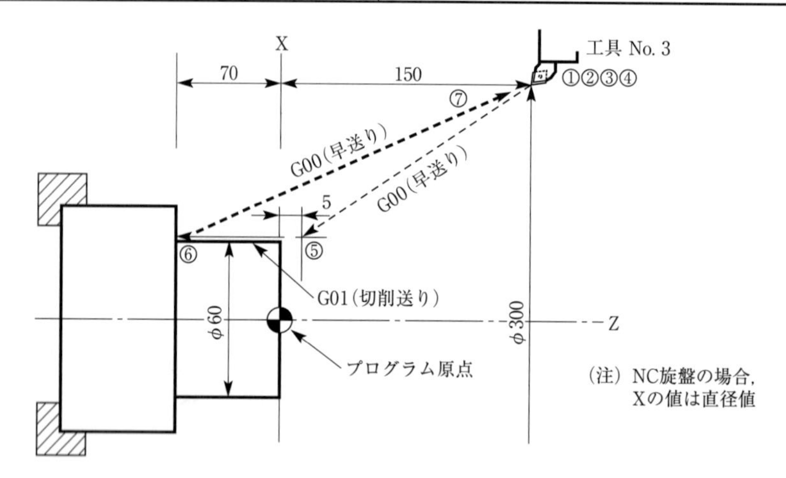

図3－19　NC旋盤のプログラム例

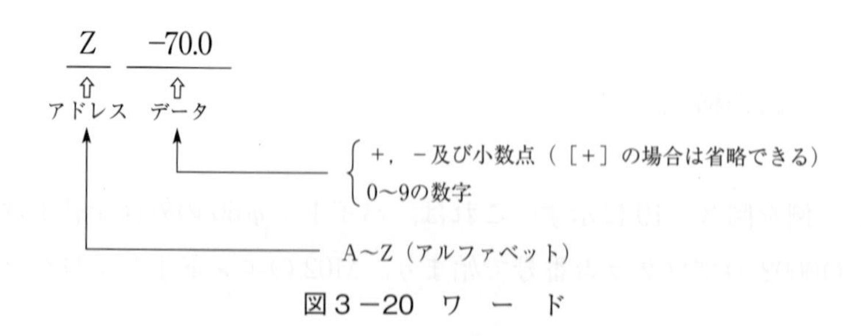

図3－20　ワ　ー　ド

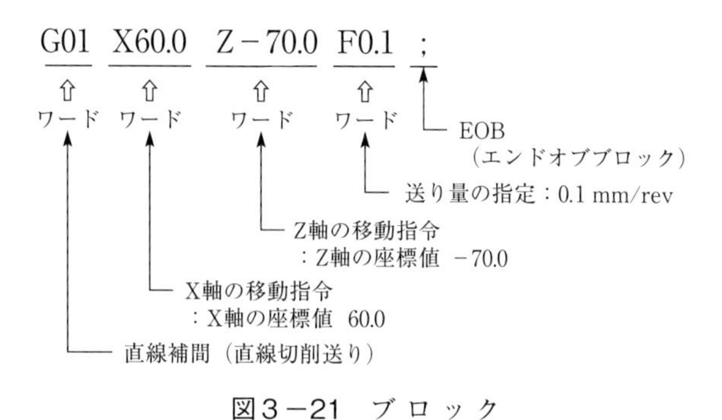

図３－21　ブロック

２．３　アドレスの種類

前項において，ワードは，アドレスとデータで構成されていることを説明した。このアドレスは表３－２に示すように，数多くの種類が準備されており，各機能ごとに系統的に整理される。

例えば，アルファベットＧのアドレスは，準備機能と呼ばれ，刃物台やテーブルがこれからどのような動作のモード（例：円弧・直線切削，早送りなど）を行うかを指定するときに使用する。またＦは，送り機能と呼ばれ，送り速度を指定するときに使用する。具体的な使用方法，使用例については，次の「第３節」で説明する。

なお，NC 旋盤とマシニングセンタにおける各機能の種類・意味並びに使い方は，ほぼ同じであるため，NC 旋盤を例に説明する。

表３－２　アドレスの種類と意味

アドレス	機　　能	意　　味
Ō	プログラム番号	プログラム番号の指定 （ISOコードの場合は，“：（コロン）”を使用できる）
N	シーケンス番号	任意のブロックにおける番号の指定
G	準備機能	動作のモード（直線や円弧など）の指定
X，Y，Z	ディメンジョンワード（座標語）	座標軸の移動指令
A，B，C， U，V，W		付加軸の移動指令
R		円弧の半径の指定
I，J，K		円弧の中心座標の指定
F	送り機能	送り速度の指定
S	主軸機能	主軸回転数の指定
T	工具機能	工具番号の指定
M	補助機能	機械側でのオン/オフ制御の指定
B		テーブルの割出しなど
P，X，U	ドウェル	ドウェル時間の指定
P	プログラム番号の指定	サブプログラム番号の指定
H，D	オフセット番号	オフセット（補正）番号の指定
L	繰返し回数	サブプログラムの繰返し回数/固定サイクルの繰返し回数
P，Q，R	パラメータ	固定サイクルのパラメータ

第３節　各 種 機 能

３．１　準備機能（G 機能）

準備機能とは「工具をどのように動かすか」を指定する機能で，G 機能とも呼ばれ，数多く用意されている。一般的な G 機能を表３－３と表３－４に示し，よく使われる基本的な G 機能を抜粋して表３－５に示す。アドレス“G”に続く２桁の数字で，図３－22 のように指定する。

表３－３　NC 旋盤の G 機能一覧

G コード (Code)	グループ (Group)	機　　能（Function）
G 00	01	位置決め
◤ G 01		直線補間
G 02		円弧補間　時計方向
G 03		円弧補間　反時計方向
G 04	00	ドウェル
◤ G 22	09	ストアードストロークチェック機能オン（ソフトオーバトラベルオン）
G 23		ストアードストロークチェック機能オフ（ソフトオーバトラベルオフ）
G 28	00	自動原点復帰
G 32	01	ねじ切り
◤ G 40	07	刃先 R 補正キャンセル
G 41		刃先 R 補正左側
G 42		刃先 R 補正右側
G 50	00	座標系設定／主軸最高回転速度設定
G 70	00	仕上げサイクル
G 71		外径，内径荒加工サイクル
G 72		端面荒加工サイクル
G 73		閉ループ切削サイクル
G 74		端面突切りサイクル，深穴ドリルサイクル
G 75		外径，内径溝入れサイクル，突切りサイクル
G 76		複合形ねじ切りサイクル
G 90	01	外径，内径切削サイクル
G 92		ねじ切りサイクル
G 94		端面切削サイクル
G 96	02	周速一定制御指令
◤ G 97		回転速度直接指令
G 98	05	毎分送り
◤ G 99		毎回転送り

（注）１．表の G コードは，NC 旋盤の制御装置の一部を抜粋している。表以外の準備機能は，機械の取扱説明書を参照のこと。
２．◤記号の付いている G コードは，電源投入時あるいはリセット状態で，その G コードの状態になることを示す。
３．00 のグループの G コードは，モーダルでない（その機能が次のブロックに継続しない。続けて必要な場合は，次のブロックに再度記入）G コードであることを示し，指令されたブロックのみ有効である。モーダルな G コードとは，同一グループのほかの G コードが指令されるまで（ほかの指令コードがくるまでその機能が継続される），その G コードが有効なものをいう。
４．G コードは異なるグループであれば，いくつでも同一のブロックに指令することができる。もし，同じグループに属する G コードを同一ブロックに二つ以上指令した場合には，後で指令した G コードが有効となる。

表３－４　マシニングセンタのＧ機能一覧

Ｇコード	グループ	機　　能	意　　味
G00	01	位置決め	工具の早送り
G01		直線補間	切削送りによる直線切削
G02		円弧補間　CW	時計方向の円弧切削
G03		円弧補間　CCW	反時計方向の円弧切削
G04	00	ドウェル	次ブロック実行の一時停止
G10※		データ設定	工具補正量の変更
G17	02	XY 平面	XY 平面の指定
G18		ZX 平面	ZX 平面の指定
G19		YZ 平面	YZ 平面の指定
G27※	00	自動原点（リファレンス点）復帰チェック	機械座標系原点への復帰チェック
G28		自動原点（リファレンス点）復帰	機械座標系原点への復帰
G29※		自動原点（リファレンス点）からの復帰	機械座標系原点からの復帰
G40	07	工具径補正キャンセル	工具径の補正モードの解除
G41		工具径補正左	工具進行方向に対し左側にオフセット
G42		工具径補正右	工具進行方向に対し右側にオフセット
G43	08	工具オフセット正	Z 軸移動の＋（プラス）オフセット
G44		工具オフセット負	Z 軸移動の－（マイナス）オフセット
G45※	00	工具位置オフセット　伸長	移動指令を補正量だけ伸長
G46※		工具位置オフセット　縮小	移動指令を補正量だけ縮小
G47※		工具位置オフセット　２倍伸長	移動指令を補正量の２倍伸長
G48※		工具位置オフセット　２倍縮小	移動指令を補正量の２倍縮小
G49	08	工具オフセットのキャンセル	工具長の補正モードのキャンセル
G52※	00	ローカル座標系設定	ワーク座標系内における座標系の設定
G53		機械座標系選択	機械座標系原点に関して機械上に固定された右手直交座標系の選択
G54	12	ワーク座標系１選択	工作物の基準位置を原点とした座標系の設定
G55		ワーク座標系２選択	
G56		ワーク座標系３選択	
G57		ワーク座標系４選択	
G58		ワーク座標系５選択	
G59		ワーク座標系６選択	
G73※	09	ペックドリリングサイクル	高速深穴あけの固定サイクル
G74※		逆タッピングサイクル	逆タッピングの固定サイクル
G76※		ファインボーリングサイクル	穴底で工具シフトを行う固定サイクル
G80		固定サイクルキャンセル	固定サイクルのモードの解除
G81		ドリルサイクル	穴あけの固定サイクル
G82		ドリルサイクル	穴底でドウェルを行う穴あけの固定サイクル
G83		ペックドリリングサイクル	深穴あけの固定サイクル
G84		タッピングサイクル	タッピングの固定サイクル
G85		ボーリングサイクル	往復切削送りの固定サイクル
G86		ボーリングサイクル	穴ぐりの固定サイクル
G87		バックボーリングサイクル	裏座ぐりの固定サイクル
G88		ボーリングサイクル	手動送りができる穴ぐりの固定サイクル
G89		ボーリングサイクル	穴底でドウェルを行う穴ぐりの固定サイクル
G90	03	アブソリュート指令	絶対値指令方式の選択
G91		インクレメンタル指令	増分値指令方式の選択
G92	00	ワーク座標系の設定	プログラム上におけるワーク座標系の設定
G98※	10	固定サイクルイニシャル点復帰	固定サイクル終了後にイニシャル点復帰
G99※		固定サイクルＲ点復帰	固定サイクル終了後にＲ点復帰

（注）１．表のＧコードは，マシニングセンタの制御装置の一部を抜粋している。表以外の準備機能は，機械の取扱説明書を参照のこと。

2．◤記号の付いているＧコードは，電源投入時あるいはリセット状態で，そのＧコードの状態になることを示す。
3．00のグループのＧコードは，モーダルでない（その機能が次のブロックに継続しない。続けて必要な場合は，次のブロックに再度記入）Ｇコードであることを示し，指令されたブロックのみ有効である。モーダルなＧコードとは，同一グループのほかのＧコードが指令されるまで（ほかの指令コードがくるまでその機能が継続される），そのＧコードが有効なものをいう。
4．表中で※が付いているＧコードは，メーカで設定したコードを示す。また，同じグループ内のＧコードは，同一ブロックに一つしか使用できない。

表３－５　基本的なＧ機能

G00	…………	位置決め（早送り）
G01	…………	直線補間（切削送り）
G02	…………	円弧補間　時計方向（切削送り）
G03	…………	円弧補間　反時計方向（切削送り）
G50	…………	座標系設定（マシニングセンタの場合はG92）

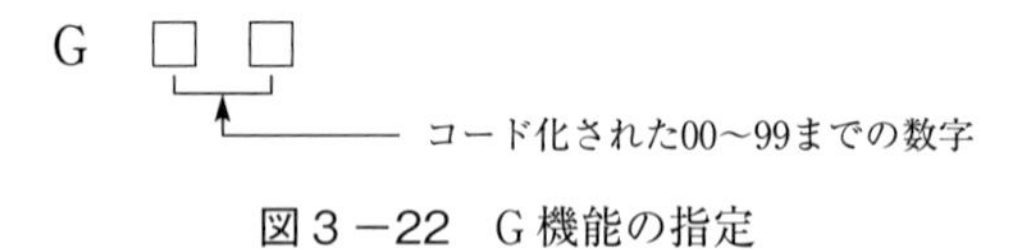

図３－22　Ｇ機能の指定

（１）座標系設定（G50：NC旋盤　G92：マシニングセンタ）

座標系設定は，工具刃先の出発点とプログラム原点の位置関係をNC装置に記憶させる機能であり，プログラムの最初のブロックで指定される。その一例を図３－23に示す。

なお，この設定法は，機械メーカによって異なっているため，取扱説明書を参照されたい。(2)

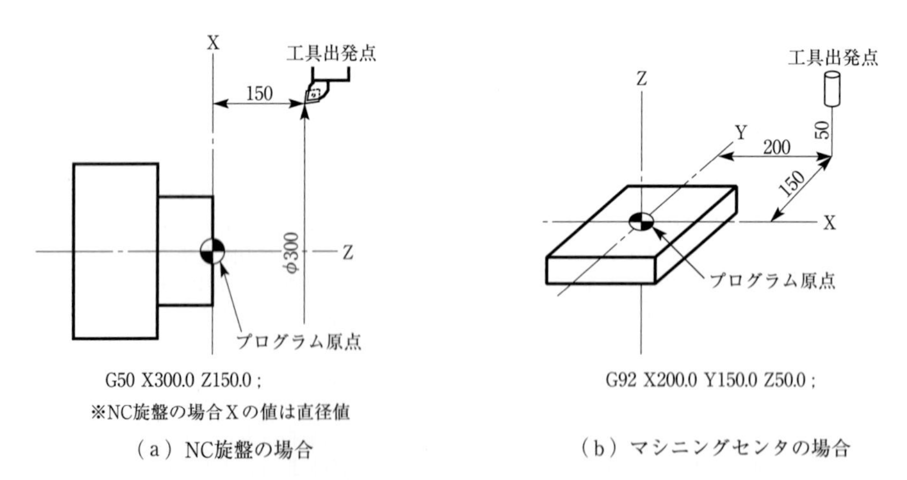

（ａ）NC旋盤の場合　　（ｂ）マシニングセンタの場合

図３－23　座標系設定

(2)　G50はJISでは未指定であるが，機械メーカ共通の機能仕様である。

（2）　位置決め（G00：早送り）

位置決めは，現在点から目標の点まで早送りで移動する場合に使用されるワードであり，図3－24のように指定する。なお，これ以後は，アブソリュート方式で説明する。プログラム例を図3－25に示す。

G00 X□□□ Y□□□ Z□□□；

目標の座標値

図3－24　位置決めの指定

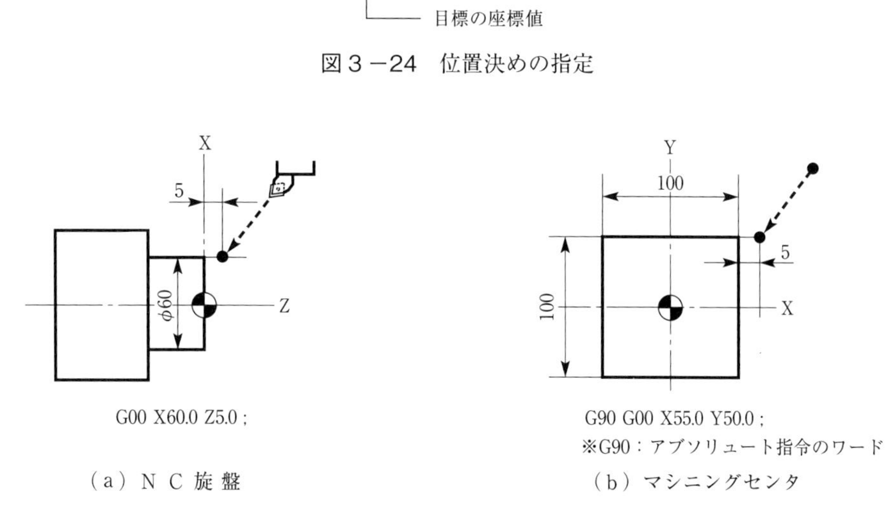

（a）N C 旋 盤　　（b）マシニングセンタ

図3－25　G00の使用例

（3）直線補間（G01：切削送り）

2点間を直線で結ぶことを直線補間といい，G01を指令すると，現在点から目標の点の座標へ送り機能F（「本節3．2」参照）で指定した送り速度で直線運動する。その指定は，図3－26のように行う。

送り速度が一度も指定されていない場合は，ブロック中にアドレスFの記述が必要となる。プログラム例を図3－27に示す。

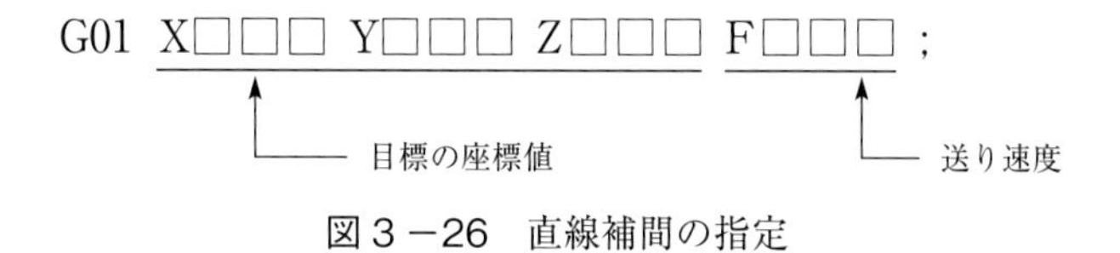

図3－26　直線補間の指定

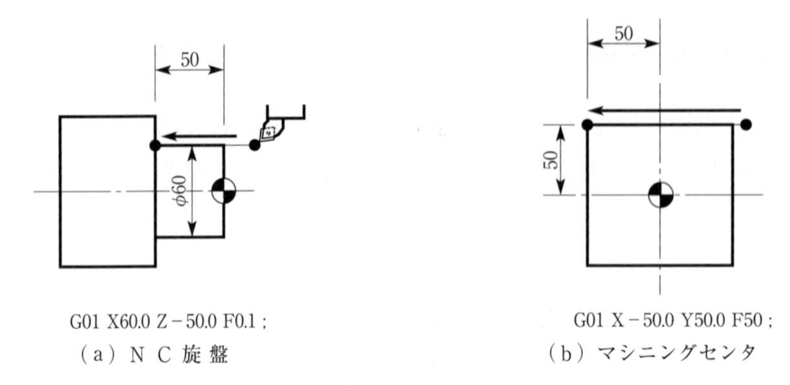

G01 X60.0 Z－50.0 F0.1；
（a）N C 旋 盤

G01 X－50.0 Y50.0 F50；
（b）マシニングセンタ

図3－27　G01の使用例

（4）円弧補間時計方向，反時計方向（G02，G03：切削送り）

汎用工作機械において，円弧切削を行う場合は，２軸の同時手動操作又は総形工具を使って行わなくてはならない。しかし，NC工作機械の場合，X軸・Y軸・Z軸を同時に制御することができるため，容易に円弧の加工ができる。円弧の時計・反時計回りについてのワードは，図3－28に示すように決められており，図3－29のように指定する。プログラム例を図3－30に示す。

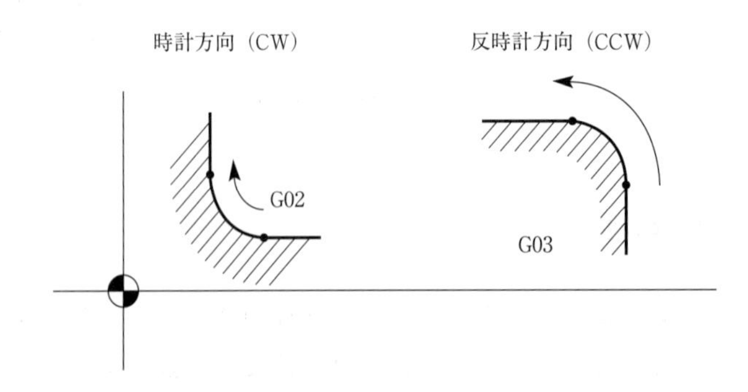

図3－28　G02，G03の決め方

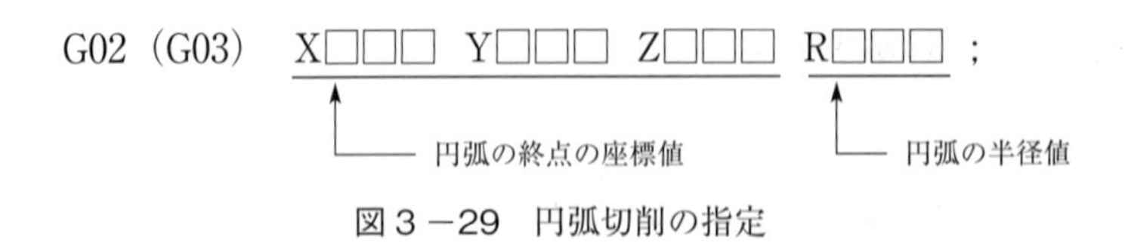

図3－29　円弧切削の指定

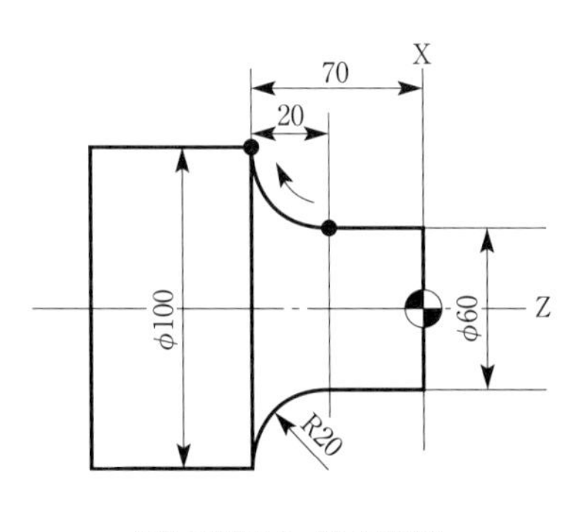

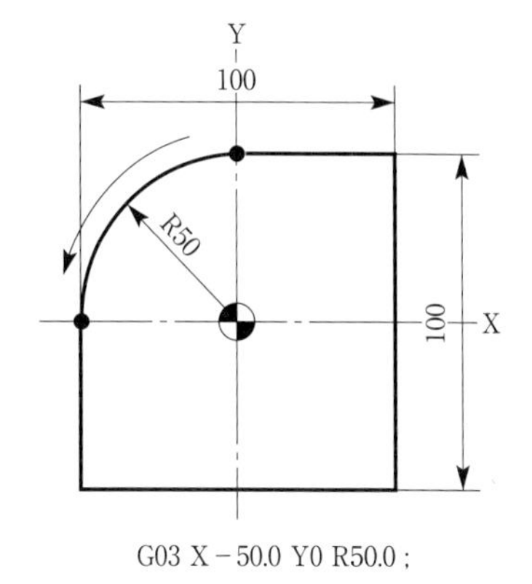

図３－30　G02, G03の使用例

３．２　送り機能（F機能）

送り機能とは，工作物を切削するとき，工作物に対する工具の送り速度又は送り量を指定する機能である。F機能とも呼ばれ，アドレス“F”に続く６桁以内の数値で，図３－31のように指定する。

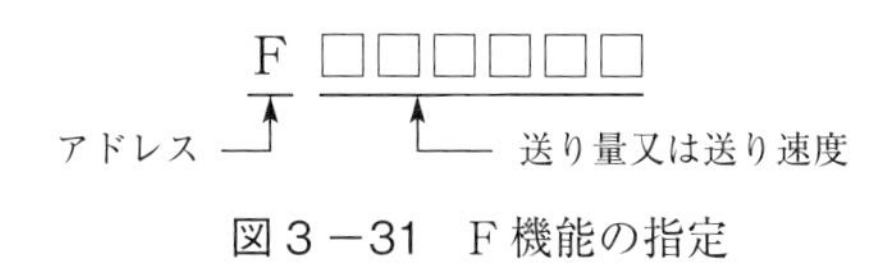

図３－31　F機能の指定

プログラム例を図３－32に示す。一般にNC旋盤の場合は，毎回転当たりの送り量（mm/rev）を，マシニングセンタの場合は，毎分当たりの送り速度（mm/min）を指定する。

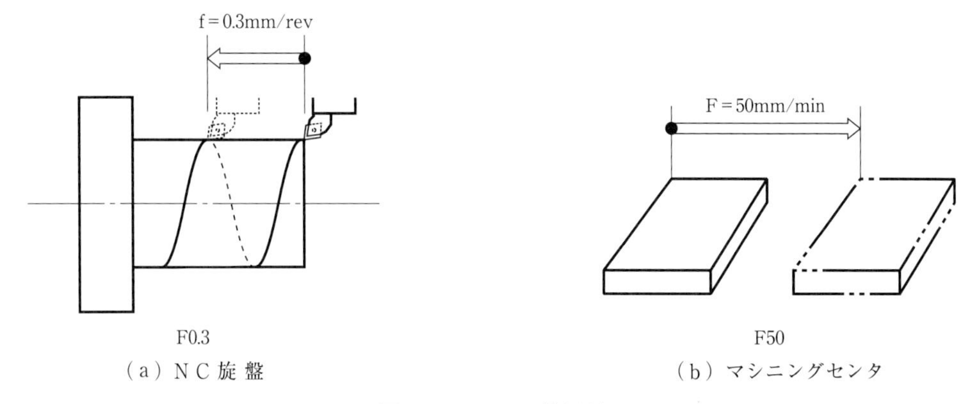

（a）NC旋盤　　（b）マシニングセンタ

図３－32　Fの使用例

３．３　主軸機能（S 機能）

主軸機能は，主軸の回転速度を指定する機能である。S 機能とも呼ばれ，アドレス“S”に続けて毎分当たりの主軸回転数の数字を，図３－33 のように指定する。ただし，現在の NC 旋盤は５桁以上の回転速度を指定可能な機種もあり，桁数は機械の仕様に準ずる。

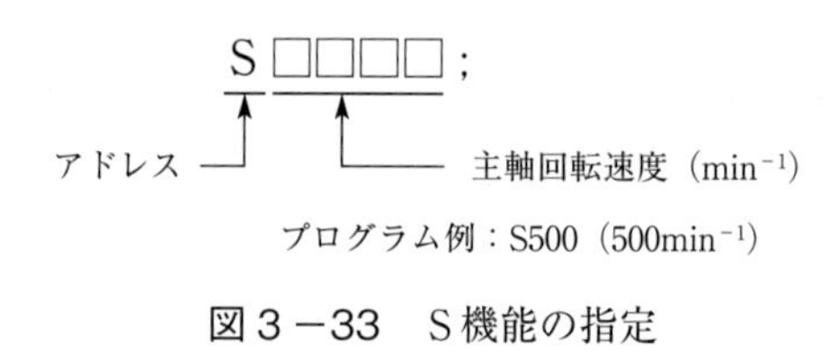

図３－33　S 機能の指定

３．４　工具機能（T 機能）

工具機能は，工具の選択と工具位置補正（オフセット）を行う機能である。T 機能とも呼ばれ，アドレス“T”に続く４桁以内の数字で指定する。NC 旋盤とマシニングセンタでは，機能が異なる。

NC 旋盤の T 機能は，前２桁が「工具番号，工具形状補正番号 0～99」であり，この番号は一般に刃物台番号に対応させる。後２桁は「工具摩耗補正番号 0～32」である。ただし，00 は工具補正キャンセルを意味する。

マシニングセンタの T 機能は，工具を ATC マガジンの工具交換位置に呼び出す機能である。工具交換を実行する前に T 機能を指令する。工具交換の実行は，表３－７（p. 75）の M06 機能により行われる。

図３－34 にそれぞれのフォーマットを示す。

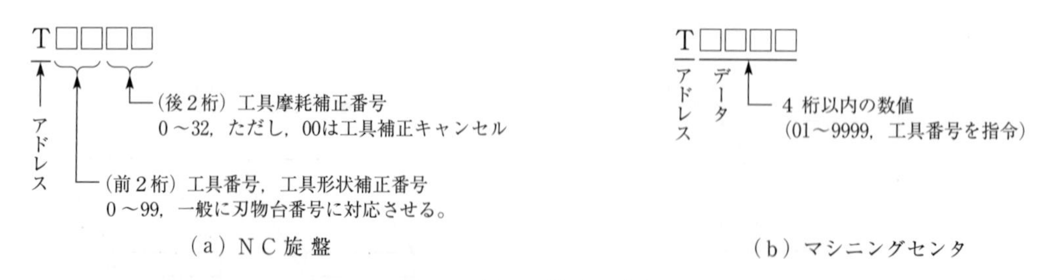

図３－34　T 機能の指定

（１）NC 旋盤の工具位置補正（工具形状補正・工具摩耗補正）

長時間に渡って NC 加工していくと，工具刃先は，図３－35 に示すように摩耗や工作機械の熱変形などが原因となって，当初予定していた目標の位置からずれてしまうことがある。そのままで加工すると，寸法誤差を生じてしまうため，この誤差を補正する機能として，工具位置補正機能が備えられている。プログラムで切削を行い，その測定値と目標値の差を求め，NC 装置に補正量を登録しておく。

例として，T0304 が実行されると，T03 の工具が No. 04 に登録された量だけ移動し補正される。プログラムの最後には T0300 を指令し，補正を必ずキャンセルする必要がある。

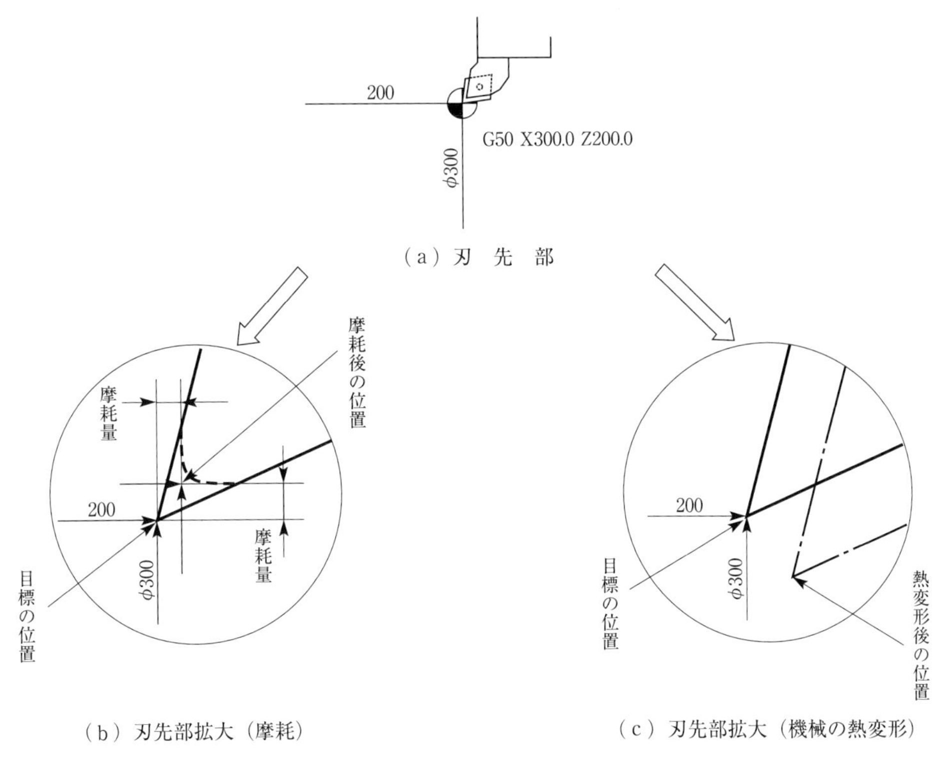

図３－35　工具摩耗によるずれと機械の熱変形によるずれ

３．５　補助機能（M 機能）

補助機能とは，主軸回転のオン・オフや切削油剤のオン・オフなど，個々の機能を制御する機能である。M機能とも呼ばれ，アドレス“M”に続く２桁の数字で，図３－36 のように指定する。M機能は，表３－６，表３－７に示すように数多く用意されており，その中でもよく使われる基本的な機能を抜粋すると表３－８のようになる。

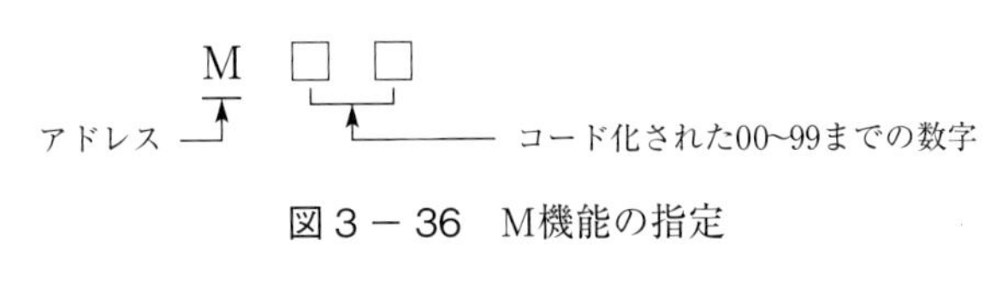

図３－36　M機能の指定

表3－6　NC旋盤のM機能一覧

Mコード	機　　能	意　　味
M00	プログラムストップ	プログラムの実行を一時的に停止させる機能。M00のブロックを実行すると，主軸回転の停止，クーラントオフ及びプログラム読み込みを停止する。しかし，モーダルな情報は保存されているため，起動スイッチで再スタートができる。
M01	オプショナルストップ	機械操作盤のオプショナルスイッチがオンのとき，M00と同じくプログラムの実行を一時的に停止する。オプショナルスイッチがオフのときはM01は無視される。
M02	エンドオブプログラム	プログラムの終了を示す。すべての動作が停止してNC装置はリセット状態になる。
M03	主軸正転	主軸を正転（時計方向の回転）起動させる機能。
M04	主軸逆転	主軸を逆転（反時計方向の回転）起動させる機能。
M05	主軸停止	主軸の回転を停止させる機能。
M08	クーラントオン	クーラント（切削油剤）を吐出させる機能。
M09	クーラントオフ	クーラントの吐出を停止させる機能。
M23	チャンファリングオン	ねじ切りサイクルで，ねじの切り上げを行う機能。
M24	チャンファリングオフ	ねじ切りサイクルで，ねじの切り上げをしない機能。
M30	エンドオブデータ	M02と同様にプログラムの終了を示す。M30を実行すると自動運転の停止とともに，プログラムのリワインド（プログラムの先頭に戻る）が行われる。
M40～M43	主軸変速“L”～“H”	主軸変速域の低速域から高速域を選択する機能。
M98	サブプログラム呼び出し	サブプログラムを呼び出し，実行させる機能。
M99	エンドオブ　サブプログラム	サブプログラムの終了を示し，メインプログラムに切り換える機能。

（注）補助機能は，機械の種類やメーカによって様々な機能が設定されている。この表はそのうちの一般に共通していると思われる補助機能を抜粋して示している。表以外の補助機能は，機械の取扱説明書を参照のこと。

表3－7　マシニングセンタのM機能一覧

Mコード	機　　能	意　　味	動作開始時期
M00	プログラムストップ	プログラムの実行を一時的に停止させる機能。M00のブロックを実行すると，主軸回転の停止，クーラントオフ及びプログラム読み込みを停止する。しかし，モーダルな情報は保存されているので起動スイッチで再スタートができる。	A
M01	オプショナルストップ	機械操作盤のオプショナルストップスイッチがオンのとき，M00と同じようにプログラムの実行を一時的に停止する。オプショナルストップスイッチがオフのときはM01を無視する。	A
M02	エンドオブプログラム	プログラムの終了を示す。すべての動作が停止してNC装置はリセット状態になる。	A
M03	主軸正転	主軸を正転（時計方向の回転）起動させる。	W
M04	主軸逆転	主軸を逆転（反時計方向の回転）起動させる。	W
M05	主軸停止	主軸の回転を停止させる。	A
M06	工具交換	主軸工具をATCマガジンの工具交換位置にある工具と自動交換する。	W
M08	クーラントオン	クーラント（切削油剤）を吐出させる。	W
M09	クーラントオフ	クーラントの吐出を停止させる。	A
M19	主軸オリエンテーション	主軸を定角度位置に停止させる。	A
M21	X軸ミラーイメージ	X軸移動指令の符号を“+”は“−”に，“−”は“+”に変更し，プログラムの指令とは逆の方向に移動させる。	S
M22	Y軸ミラーイメージ	Y軸移動指令の符号を“+”は“−”に，“−”は“+”に変更し，プログラムの指令とは逆の方向に移動させる。	S
M23	ミラーイメージキャンセル	M21，M22の機能をキャンセルする。	S
M30	エンドオブデータ	M02と同様にプログラムの終了を示す。M30を実行すると自動運転の停止とともに，プログラムのリワインド（プログラムの先頭に戻る）が行われる。	A
M48	M49キャンセル	M49の機能をキャンセルする。	A
M49	送り速度 オーバライド無視	機械操作盤の送り速度オーバライド機能を無視し，プログラムで指令されたとおりの送り速度にする。	W
M57	工具番号登録モード	ATCマガジンのポットに装着した工具に対し，工具番号の登録モードを設定する。	S
M98	サブプログラム呼び出し	サブプログラムを呼び出し，実行させる。	A
M99	エンドオブサブプログラム	サブプログラムを終了し，メインプログラムに戻る。	A

（注）表中の動作開始時期は次の意味を示す。
　W：そのブロック内の軸移動指令と同時（With）に動作する。
　A：そのブロック内の軸移動指令動作完了後（After）に動作する。
　S：単独（Single）のブロックとして指令する。

表3－8　基本的なM機能

M02 ………… エンドオブプログラム
M03 ………… 主軸正転（時計方向の回転）
M05 ………… 主軸停止
M06 ………… 工具交換
M08 ………… クーラントオン
M09 ………… クーラントオフ
M30 ………… エンドオブデータ

3．6　NC 旋盤，マシニングセンタのプログラム例

NC 旋盤並びにマシニングセンタの具体的プログラムを次に示す。

（1）ＮＣ旋盤

図３－37 に示すように，工具を $P_0 \rightarrow P_1 \rightarrow P_2 \rightarrow P_3 \rightarrow P_4 \rightarrow P_5 \rightarrow P_0$ の順で移動させる。諸条件は図中に示すとおりである。そのプログラムを表３－９に示す。

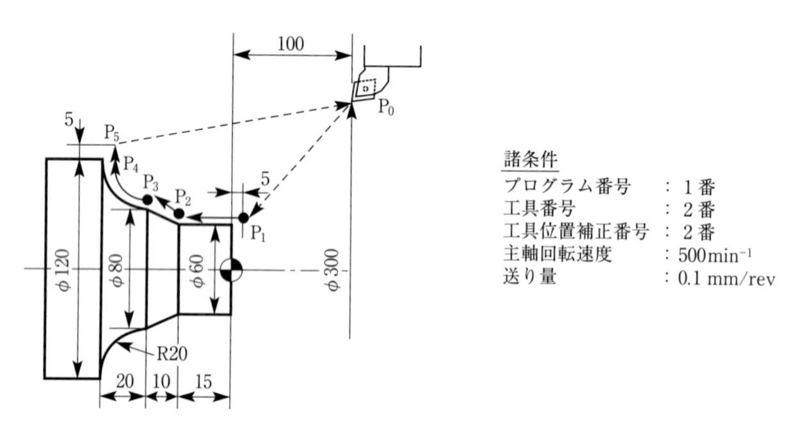

図３－37　NC 旋盤のプログラム例

表３－９　例題のプログラム（NC 旋盤）

プログラム	説明
O0001 ;	プログラム番号
G50 X300.0 Z100.0 ;	座標系設定 P_0点
T0202 ;	工具，補正番号選択
S500 M03 ;	主軸回転選択，主軸回転オン
G00 X60.0 Z5.0 ;	切削開始点へ早送り P_1点
G01 (X60.0) Z－15.0 F0.1 ;	P_2点へ切削送り F＝0.1mm/rev
(G01) X80.0 Z－25.0 (F0.1) ;	P_3点へ切削送り
G02 X120.0 Z－45.0 R20.0 (F0.1) ;	P_4点へ円弧切削送り
G01 X130.0 (Z－45.0) (F0.1) ;	P_5点へ逃げる
G00 X300.0 Z100.0 T0200 M05 ;	出発点へ早送りで戻る P_0点 主軸回転オフ，補正キャンセル
M02 ;	エンドオブプログラム

※（　）内は省略してもよい。

（2）マシニングセンタ

図３－38 に示すように，工具を移動させる。諸条件は図中に示すとおりである。そのプログラムを表３－10 に示す。

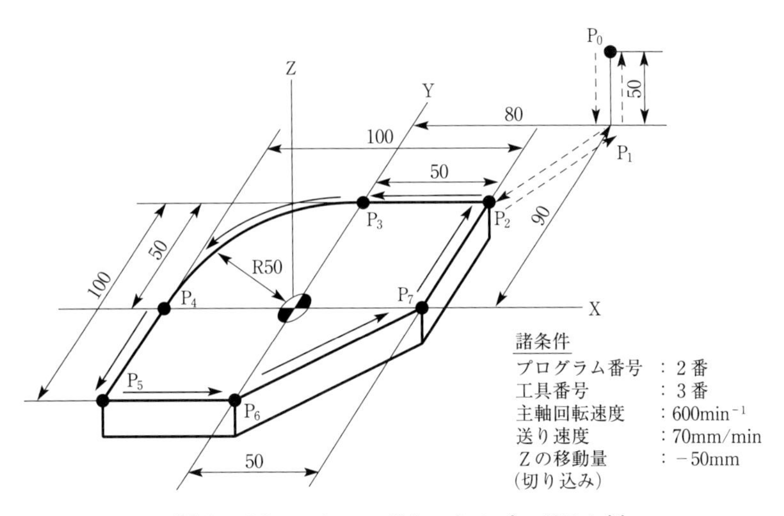

図３－38　マシニングセンタのプログラム例

表３－10　例題のプログラム（マシニングセンタ）

プログラム		説明
$\bar{O}$0002 ;	……	プログラム番号
G92 G90 X80.0 Y90.0 Z50.0 ;	……	座標系設定P_0点
T03 M06 ;	……	工具選択
S600 M03 ;	……	主軸回転速度選択，主軸回転オン
G00（X80.0）（Y90.0）Z0 ;	……	早送り，P_1点へ
（G00）X50.0 Y50.0 ;	……	切削開始点へ早送りP_2点
G01 X0（Y50.0） F70 ;	……	P_3点へ切削送り F＝70mm
G03 X－50.0 Y0 R50.0（F70）;	……	P_4点へ円弧切削送り
G01（X－50.0）Y－50.0（F70）;	……	P_5点へ切削送り
（G01）X0（Y－50.0）（F70）;	……	P_6点へ切削送り
（G01）X50.0 Y0（F70）;	……	P_7点へ切削送り
（G01）（X50.0）Y50.0（F70）;	……	P_2点へ切削送り
G00 X80.0 Y90.0 ;	……	P_1点へ早送り
（G00）（X80.0）（Y90.0）Z50.0 M05 ;	……	P_0点の出発点へ早送り，主軸回転オフ
M30 ;	……	エンドオブデータ

※（　）内は省略してもよい。

第４節　プログラミングの自動化

４．１　対話形 NC 機能

これまで説明したプログラミング手法は，図面から工具経路を決定し，手計算で座標値を求め，NC 装置が理解できる NC 言語でプログラムを組み立てる方法（マニュアルプログラミング）であった。しかし，コンピュータの高性能化やソフトウェアの進歩によって，プログラムを自動的に作成する技術は発展し続けている。その一つに，対話形 NC 機能がある。

対話形 NC 機能は，マニュアルプログラミングのように手間のかかる座標値の計算が必要なく，対話しながら必要なパラメータを入力すると，加工条件や加工順序をコンピュータが自動的に作成してくれる。このため，プログラミングや加工の経験が浅い作業者でも，簡単にプログラムを作成できるという特徴がある。

対話形 NC 機能は，画面の指示に従って工作物の形状，加工順序，使用する工具など，加工に必要な情報を NC 装置の操作パネル上で入力すると，自動的にプログラムを作成する機能である。

また，コンピュータ上で加工のシミュレーションを行い，形状に関する問題を事前に検出できる機能や，３次元モデル上で干渉チェックを行えるため，干渉による治具や工具の破損を未然に防ぐことができ，安全性も高い。

一般に，NC 工作機械の作業者は，加工経験の浅い人たちが多い。プログラムミスや作業の標準化を図るためには，マニュアルプログラミングでは，長い時間をかけてある程度の熟練者を育成しなければならない。対話形 NC 機能は，こうした問題を解決するツールとして期待され，普及しているのである。

しかし，対話形 NC 機能は，標準的な作業内容のプログラミングを容易にするものの，エアカットなど無駄なツールパスをマニュアルで編集することで時間短縮したり，現場で直面している加工上の様々な問題をすべて解決したりするほどには至っていない。したがって，対話形 NC 機能を使いながら，併せてマニュアルプログラミングを習得し，少なくとも対話形 NC 機能でできたプログラムを，自由に編集できるだけの技量を身に付ける必要がある。

一般に対話形 NC 機能によるプログラミングは，図３－39 に示すように，プログラム名の登録に始まり，工作物形状，使用工具データの入力，切削条件の設定，加工順序の設定，プログラム自動生成，プログラムチェック，そしてプログラムの出力という処理手順になっている。

NC旋盤の対話形NC機能	①　対話形自動プログラミングの開始 ②　素材形状・素材寸法の設定 ③　最終部品形状の入力 ④　機械原点位置・タレット旋回位置の設定 ⑤　加工定義 (ア)　工程と加工の種類の入力 (イ)　工具データの入力 (ウ)　加工開始位置の入力 (エ)　切削方向・切削条件 ⑥　NCデータの作成 ⑦　NCデータのチェック （シミュレーション描画）	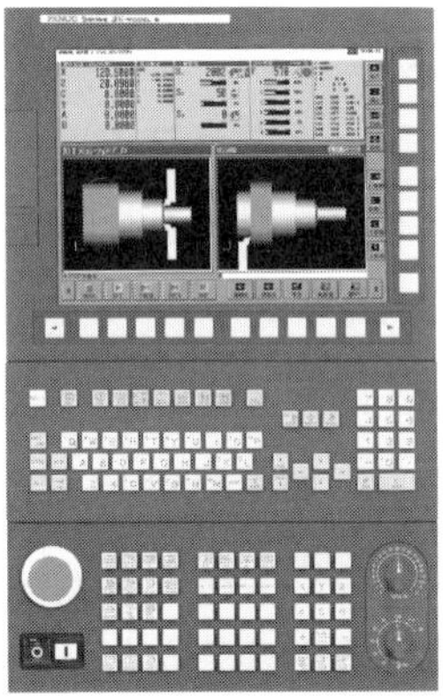 （a）NC旋盤操作盤
マシニングセンタの対話形NC機能	①　対話形自動プログラミングの開始 ②　初期設定・各種データ入力 (ア)　使用工具リスト (イ)　工程リスト (ウ)　切削条件ファイル ③　加工メニュー選択画面から選ぶ (ア)　穴あけ加工 (イ)　平面加工 (ウ)　側面加工 (エ)　ポケット加工 ④　加工形状の描画 ⑤　工具経路の描画	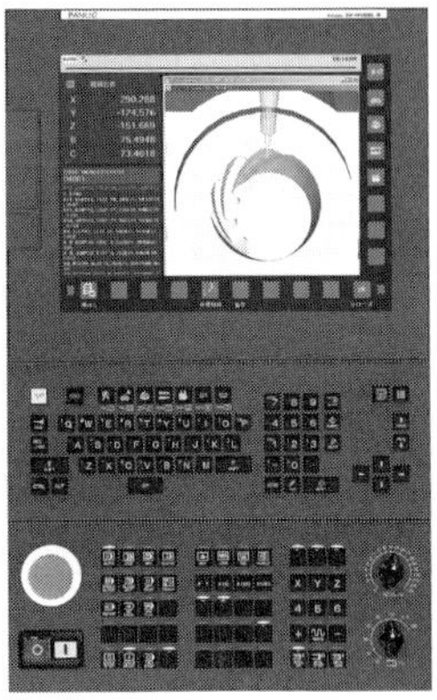 （b）マシニングセンタ操作盤

図3－39　対話形NC機能のプログラム手法並びに装置

出所：（a），（b）ファナック（株）

4.2　CAD/CAMシステム

CADは，Computer Aided Designの略で，**コンピュータ支援の設計**のことをいい，製品及びそれを構成する部品体積，面積，重量，重心などのマスプロパティや強度，変形・変位，応力・ひずみなどの諸計算と，組立図，部品図，詳細図など各種図面の作成を行う。

CAMは，Computer Aided Manufacturingの略で，**コンピュータ支援の製造**のことをいい，図面からNCプログラムデータを作成したり，工程設計や作業設計など製造に必要な様々な処理を行う。

したがって，**CAD/CAM**は，CADによる設計とCAMによる製造を統合した**コンピュータ支援の設計・製造**のことをいう。

CAD は，MIT の I. Sutherland（アメリカ）らによる Sketchpad が始まりとされ，コンピュータグラフィックスの技術の進展とともに，様々な分野で利用されるようになっている。

一方，CAM は，CAD で作成された形状データから，加工用の NC プログラムを作成するなどの生産準備全般をコンピュータで行えるシステムとして，様々な生産現場で利用されている。

そして，CAD の図形処理技術と自動プログラミングシステムの製造に関する技術が統合して，CAD/CAM という新しい概念のシステムが生まれている。図３－40 に CAD/CAM の適用範囲の例を示す。

CAD/CAM のシステム構成は，CAD 及び CAM ソフトをインストールしたパソコン（デスクトップ，ノート），キーボード，高解像度ディスプレイ，マウスなどで構成されている。

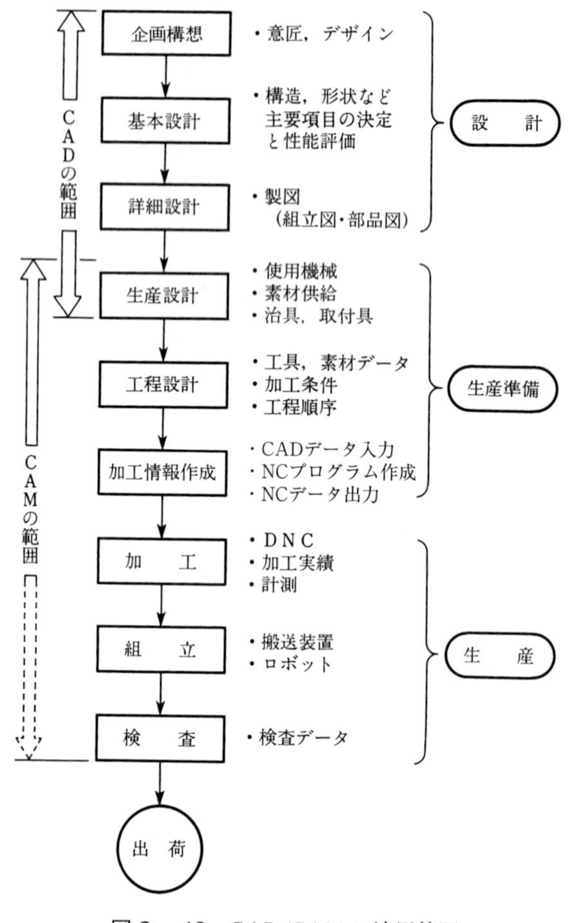

図３－40　CAD/CAM の適用範囲

（１）CAD の推移

日本では，1980 年当初に大形コンピュータによる CAD が，主にアメリカの航空機産業とコンピュータ産業から導入された。このシステムは大形の CPU を中心として，数台の端末を利用する方式で，価格がかなり高いシステムであった。その後 1980 年代半ばになり，中形汎用コンピュータやミニコンでも利用できるようになり，中小企業でも導入が可能になった。ソフトウェアも外国からの導入技術だけでなく，国産の技術が開発されるようになった。

その後，パソコンの演算処理速度の高速化による高性能化と低価格化で，パソコン CAD が急速に普及し，ホストコンピュータの端末としてではなく，パソコン単体のシステムで十分に機能を発揮できるようになっている。メインフレームから EWS（Engineering Work Station），さらに EWS からパソコンへと移り変わっている。生産現場で NC 工作機械が普及すると同様に，設計製図の現場でも手書き製図用の製図機械[3]などが姿を消し，２次元 CAD から３次元 CAD へと普及が進んでいる。

（２）ＣＡＥ（Computer Aided Engineering）

CAEは，コンピュータ支援の設計・開発工程のことで，CADで作成した製品のモデルを使って，強度や応力などの特性を計算する解析システムであり，製品の機能や性能を確認するためのシミュレーションシステムなどが含まれる。CAEは，設計した製品が目的とする機能や性能を発揮できるかどうかを，実際に試作品を作って実験を行うのではなく，コンピュータを使って確認することを目的としたシステムである。

CAEでは，設計のCAD化により，容易に作れるようになった製品データを活用でき，複雑な製品形状のために従来の机上計算では予測が困難だった機能や性能について，予測することが可能であり，開発スピードの向上やコストの低減が望める。さらに，最終的な品質の向上が図れる場合もある。

（３）３次元ＣＡＤ／ＣＡＭ

３次元CAD/CAMは，製造業における納期の短縮やコスト削減のニーズに応える技術として，外国からの輸入技術を脱して，日本独自の技術により自動車産業などで開発されるようになった。さらに，マイクロプロセッサ性能の急激な進歩，グラフィックス技術と性能の改善，３次元モデリング技術の発展により，パソコンによる３次元CAD/CAMシステムが普及している。

CAD/CAMのソフトウェアは，機械，電気，配管，土木，建築など業種別に様々なパッケージが用意されている。用途に応じてソフトウェアを選択する必要があり，ここでは機械系のソフトウェアについて，図面作成，形状モデリングなどのCAD機能とNCプログラムの作成に至るCAM機能について説明する。

図面情報は，表３－11のような点，線，円などの図形要素を入力して図面を作成する機能，作成した図面の修正，削除などを行う編集機能及び寸法や表面性状などを入力する図面処理機能を利用して，グラフィックディスプレイのコマンドメニューから，それぞれの機能を選択入力し，作成される。

---

(3)　製図板上にＴ定規，勾(こう)配定規，縮尺定規などの製図道具の機能を集約したアームやトラックレールが付いている製図台のことをいう。商品名として，武藤工業（株）の「ドラフター」や（株）内田洋行の「プレイダー」などがある。

表3－11　図面作成機能

機　能	種　　類	機　能	種　　類
図面作成	点 線 折れ線 多角形 円 円弧 扇型 文字 パターン 円すい曲線 自由曲線 曲面 シンボル	図面処理	寸法作成時に参照される 　パラメータの設定 寸法，記号の作成，表示 　軸間寸法 　点間寸法 　その他の長さ寸法 　角度寸法 　径寸法 　注記 　面取り記号 　鋼材形状記号 　溶接記号 　寸法許容差記号 　面の指示記号 　形状精度記号 　切断記号 　視図記号 寸法，記号の修正
図面編集	編集対象の定義 修正 移動 複写 縮尺 配置 削除 名称 グループ化 属性の変更 セグメント処理		

形状モデル（geometric model）とは，作成した図面から座標値を計算し，部品の形状を2次元あるいは3次元に表現することをいい，この形状モデルは表3－12のように，**ワイヤフレームモデル**，**サーフェスモデル**，**ソリッドモデル**に分類することができる。それぞれの特徴は表3－12に示すとおりである。

NC工作機械のプログラムを作成するには，点，線，面で加工形状を表現し，その座標値から工具経路（ツールパス）を生成し，さらに，NC加工に必要なその他の情報を付加する。

NCプログラムは，各種記録媒体や通信機能を使ってNC工作機械に入力され，加工が行われる。図3－42にNCプログラムを出力するまでの処理手順を示す。

表３－12　形状モデルの種類と特徴

モデル	２次元モデル	３次元モデル		
		ワイヤフレームモデル	サーフェスモデル	ソリッドモデル
表現	線表現	線表現	面データ付加の線表現	実体表現
				（図３－41参照）
特徴	２次元の座標値を線で結んだ図形で，組立図や部品図など，一般の図面作成が容易。	点と線のデータ構造からなる不完全な立体表現である。 面を定義できないため陰線処理や面積・質量などの計算ができない。	ワイヤフレームモデルに面データを付加したモデルであり，陰線処理や相貫線表示ができる。 しかし，面と面の関係が定義されていないため，面積計算はできるものの，質量計算はできない。	ほぼ完全な立体図形を表現できる。 陰線処理や各種計算ができる。 さらに，陰影処理（シェーディング処理）を行え，意匠・デザインの設計に利用できる。
NCデータ	座標値の情報をNCデータとして利用できる。	点，線，円など２次元形状の情報を，NCデータに利用できる。	定義された面の工具経路を自動生成できる。	任意の面の工具経路を自動生成できる。

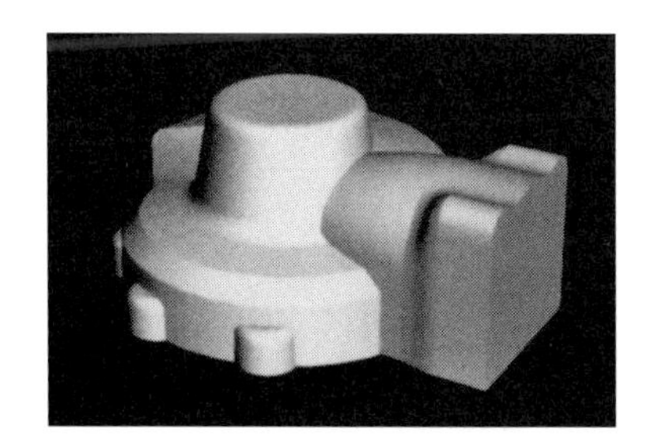

図３－41　ソリッドモデル

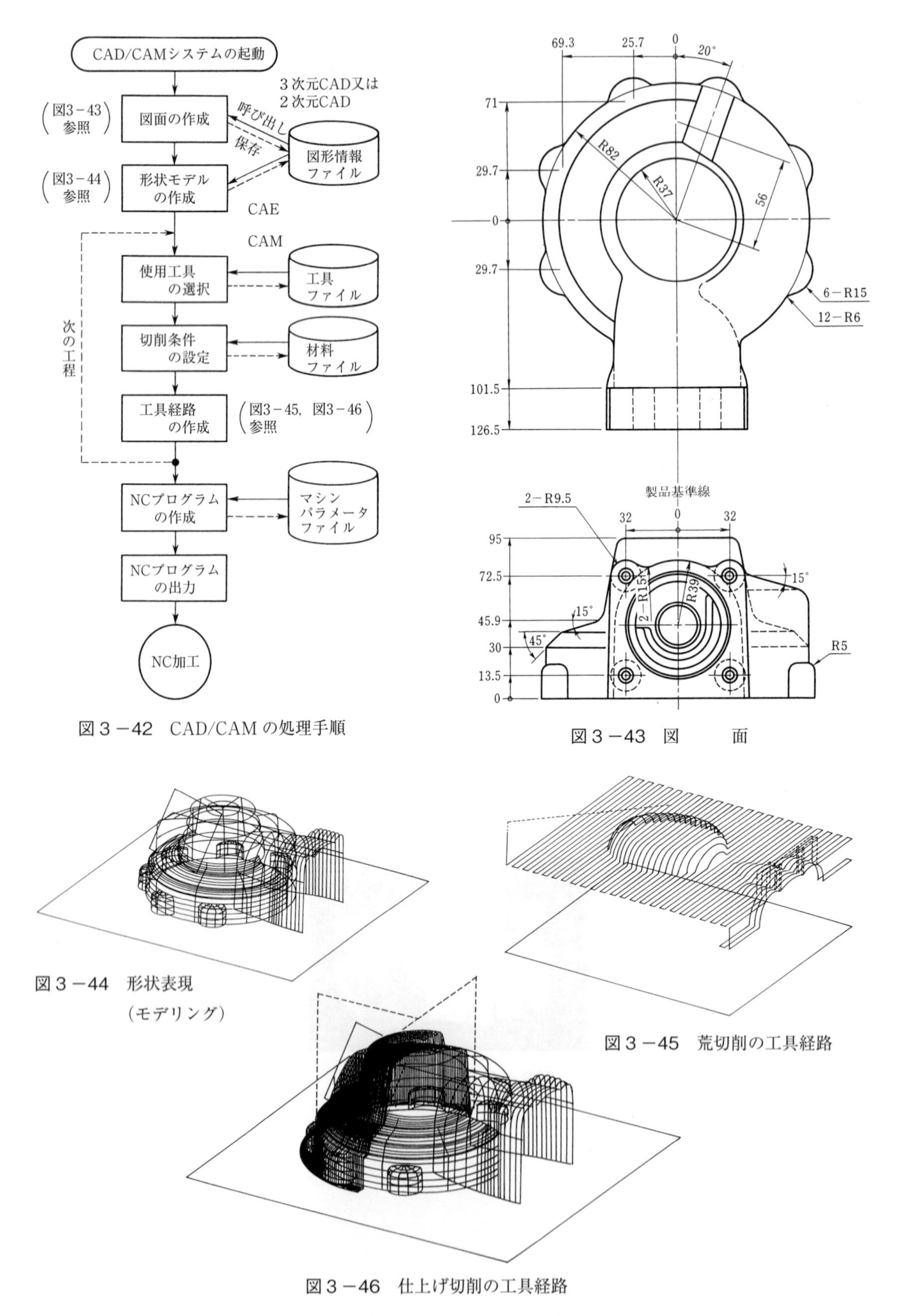

図3－42　CAD/CAMの処理手順

図3－43　図　　面

図3－44　形状表現（モデリング）

図3－45　荒切削の工具経路

図3－46　仕上げ切削の工具経路

第３章のまとめ

１．座標系について簡単に説明しなさい。

　ａ．機械座標系：

　ｂ．ワーク座標系：

２．移動指令について簡単に説明しなさい。

　ａ．アブソリュート指令：

　ｂ．インクレメンタル指令：

３．図３－47はNC旋盤のプログラム例を示したものである。

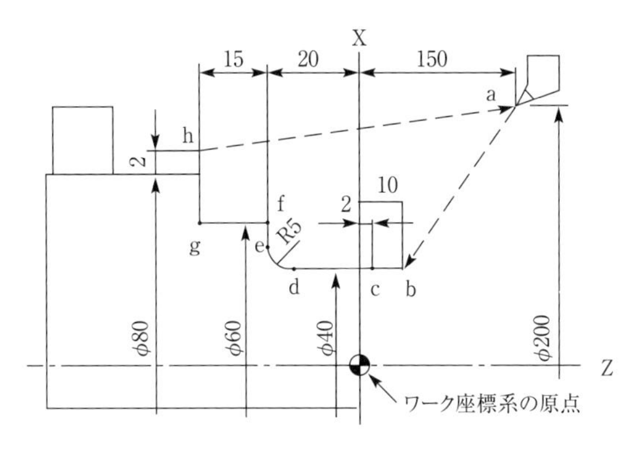

プログラム例

```
O1000；
N100  G50  X200.0  Z150.0；
N101  G00  S1500  T0909  M03；
N102  X40.0  Z10.0  M08；
N103  G01  Z(c点)  F1.0；
N104  Z(d点)  F0.1；
N105  G02  X(e点)  Z(e点)  R5.0；
N106  G01  X(f点)  ；
N107  Z(g点)  ；
N108  X(h点)  ；
N109  G00  X200.0  Z150.0  T0900  M09 M05；
N110  M02；
```

図３－47

（１）□内に該当する語句を記入しなさい。

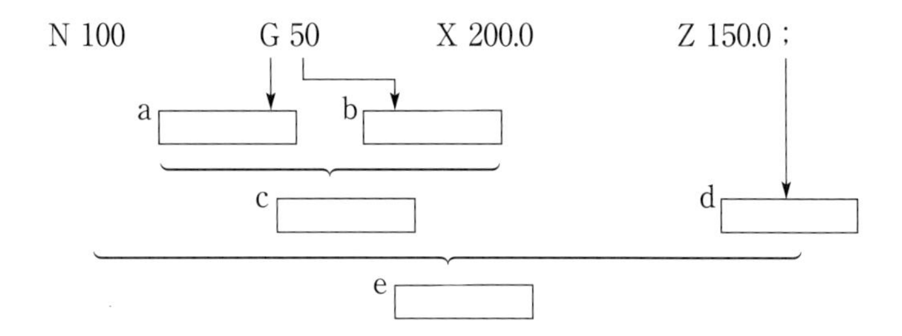

（2）アドレスの機能を□内に記入し，意味を（　　）内に記入しなさい。

G 50　，　T 0909　，　M 08　，　S 1500　，　F 300

a□　b□　c□　d□　e□

a．（　　）
b．（　　）
c．（　　）
d．（　　）
e．（　　）

（3）図3－47のc点～h点の座標値を，アブソリュート指令で答えなさい。

点	座　標　値		点	座　標　値
a	X 200.0	Z 150.0	e	
b	X 40.0	Z 10.0	f	
c			g	
d			h	

4．対話形NC機能が普及している原因を三つあげなさい。

a．
b．
c．

5．次の文の（　　）の中に該当する語句を記入しなさい。

コンピュータ支援の設計を（　　），コンピュータ支援の製造を（　　）という。CADによる設計とCAMによる製造を統合したコンピュータ支援の設計・製造のことを（　　）システムという。

このシステムは，1980年当初，日本へ導入されたときは（　　）コンピュータによるシステムであったが，現在は（　　）や（　　）によるシステムが多く普及している。

6．次の語句を説明しなさい。

a．ワイヤフレームモデル：
b．サーフェスモデル：
c．ソリッドモデル：

第4章
自動化生産システム

18 世紀後半の産業革命，あるいは第２次大戦時に生まれた新しい科学や技術は，オートメーション（Automation）という言葉を生み出した。その後，NC 工作機械が登場し，コンピュータ技術が進展するとともに，オートメーションの領域はさらに拡大し，工場規模のオートメーションが考えられるようになった。いわゆる，FA（Factory Automation）である。

FA 化の背景には，労働者の高年齢化による労働力の減少，産業構造や社会・経済の環境の変化，あるいは個人消費ニーズの多様化などによって，生産形態が少品種多量生産から多品種中少量生産に主力が移行し，コンピュータを中心とした生産システムを導入する必要に迫られた経緯をうかがうことができる。

この章では，FA を推進する様々な生産システムについて，その概要を説明する。

第1節　DNC システム

DNC は，Distributed Numerical Control（分散形数値制御，従来の DNC は Direct Numerical Control）の略である。DNC システムは，高速通信のチャンネルを複数もち，CAD/CAM，自動プログラムシステム等のデータを直接入力できる。さらに複数のマシニングセンタ，NC フライス盤や NC 旋盤などを直接制御して，加工作業やジョブスケジューリングなどを行うことができる代表的なエンジニアリングシステムである。

図4－1は金型加工の DNC システムである。中央にある DNC コンピュータは，メインメモリやハードディスクの容量が大きく，外部記憶装置などの補助メモリもあり，CAD/CAM などから送られてくる大量の NC データを保存したり，一時的にバッファの役割をして，通信回線により直接 NC 工作機械へプログラムを転送し，複数台の機械を同時制御できる装置である。

近年では，CAD/CAM の飛躍的な発展により NC データの複雑化，大容量化が進んでいる。さらに，生産の効率化や NC 工作機械の稼働率アップなど，製造現場からの要望が多様化している。DNC システムは，これらのニーズに対応した工作機械の運用にとって必要なシステムである。

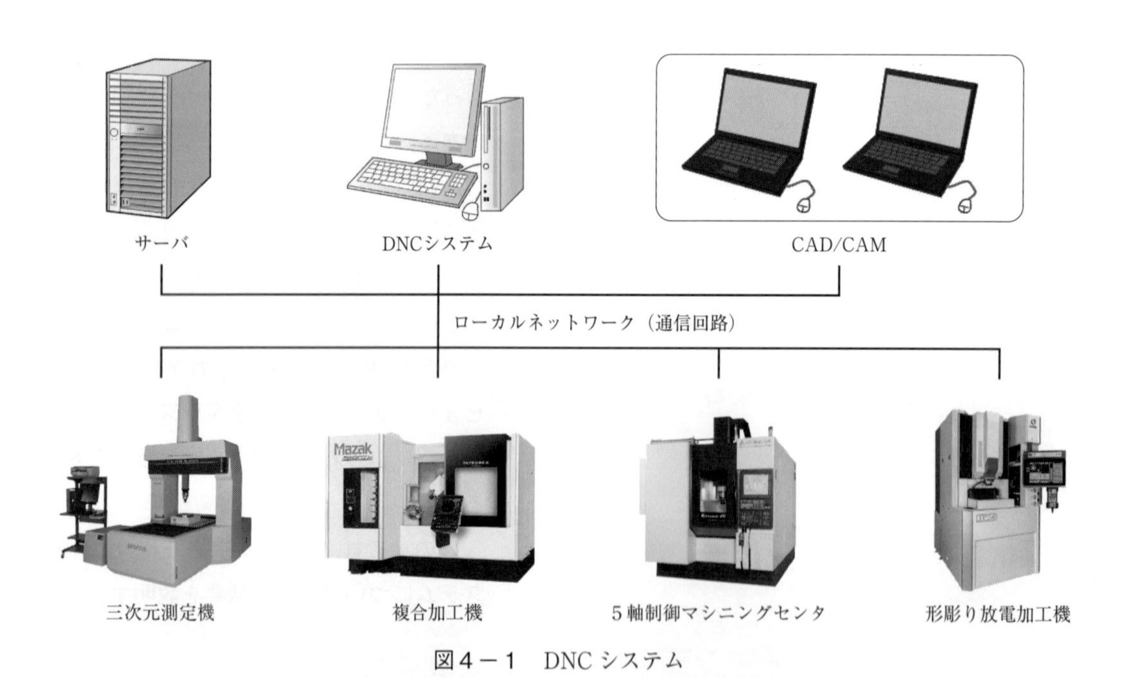

図4－1　DNC システム

出所：(三次元測定機)　(株) ミツトヨ
(複合加工機)　ヤマザキマザック (株)
(5軸制御マシニングセンタ)　キタムラ機械 (株)
(形彫り放電加工機)　(株) 牧野フライス製作所

また，CAD/CAM や自動プログラミングで作成されたNC プログラムを，DNC コンピュータへ転送することで，加工プログラムデータの一元管理や，複数台のNC 工作機械でデータの共有などを行える。

プログラムの転送には，短いプログラムの場合はNC 装置のメモリに直接転送するが，深夜の長時間連続運転を行う長いプログラムの場合は，**RBU**（Remote Buffer Unit）と呼ばれるNC 装置の拡張メモリ又はハードディスク（データサーバ）にNC プログラムを一時的に蓄え，それから順次プログラムを転送しながらNC 加工を行う。

図４－２は，DNC システムソフトウェアの各種機能を表示しており，次のような機能を有する。

① スケジューリング，加工スケジュールの作成

② モニタリング，稼働状態の監視

③ NC データの編集

④ 実績集計，加工時間，非稼働時間の集計

信頼性の高い通信方式により高速NC 加工が行われるようになり，高精度加工が可能になった。

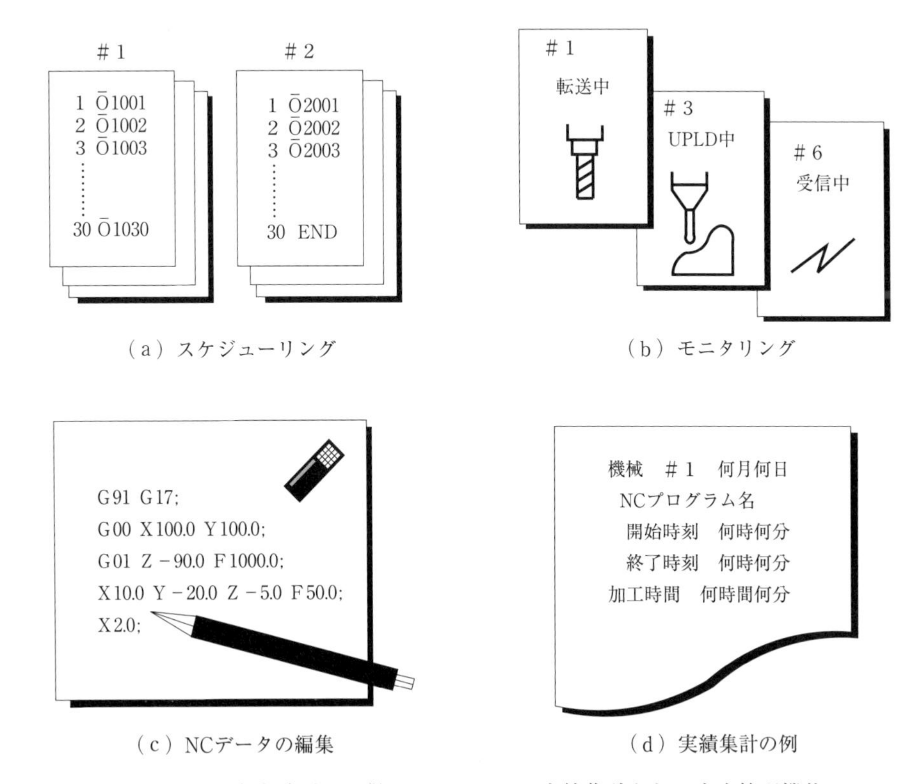

図４－２　生産計画，工程モニタリング，実績集計などの生産管理機能

第2節　F　M　C

生産システムは，広義には機械加工ばかりでなく，板金加工，溶接，鋳鍛造，プラスチック射出成形，レーザ加工，さらに組み立て，検査までを対象にしたシステムである。ここでは機械加工を中心に説明する。

工場の自動化は一般的に **FA**（Factory Automation）と呼ばれ，JIS B 3000：2010「F A－用語」では「工場における生産機能の構成要素である生産設備（製造，搬送，保管などにかかわる設備）と生産行為（生産計画及び生産管理を含む。）とを，コンピュータを利用する情報処理システムの支援のもとに統合化した工場の総合的な自動化」と定義されている。機械加工のFA化において，**FMC**（Flexible Manufacturing Cell）や **FMS**（Flexible Manufacturing System）という語句が広く使われる。FMSについては次項で述べるとして，ここではFMCについて説明する。

FMCは，FMSの基本構成単位（基本構成モジュール）として位置付けられており，JIS B 3000：2010では「数値制御機械に，ストッカ，自動供給装置，着脱装置などを備え，複数の種類の製品を製造できる機械」と定義されている。FMCは，生産の拡張性が高く，単独での可動も可能な，合理的で柔軟性のある自動生産システムである。

図4－3にFMCの例を示す。一般にFMCの構成機能は次のようにまとめられるであろう。

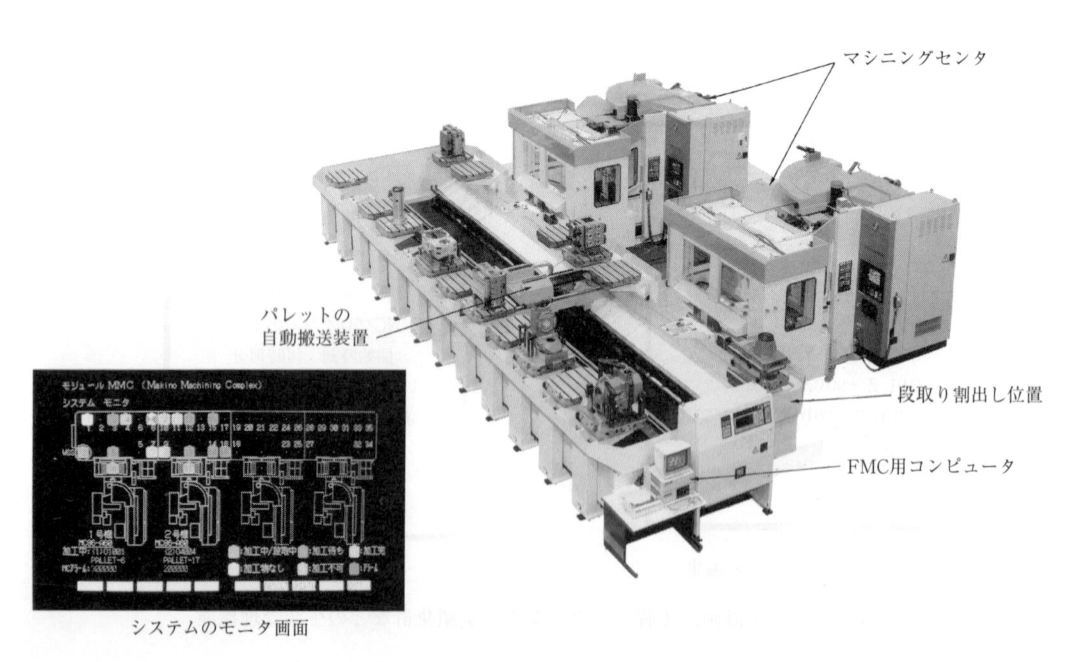

図4－3　F　M　C

① **加工機能**：1～2台のNC工作機械からなる加工機能

② **搬送機能**：ロボット，AGV（Automated Guided Vehicle：無人搬送車）又はAPC（Automatic Palet Changer：自動パレット交換装置）などの内部搬送機能

③ **倉庫機能**：工具及び工作物のマガジン，パレットプール，小形倉庫などの倉庫機能

④ **保全機能**：センサなどによる異常検知と応急処理

⑤ **制御機能**：加工や工程などに関する生産情報と工具・工作物の流れを制御するセル制御機能

FMCは，FMSに比べて規模が小さいことから，導入費用やランニングコストなどを低く抑えることができる。また，中小企業では慢性的な労働力不足や人件費の節約などの理由から，生産の効率化，いわゆるFA化の必要性が高まっている。近年，FMCは技術の進展により，コンパクト化，省スペース化，低価格化などが進み，中小企業などでも導入しやすくなっている。

一方，大企業はFMCによるFMSへの階層的モジュラ構成が可能であるため，現在の生産内容に適合し，かつ将来の発展をも可能にするシステムを設計し，導入している。

このように，大企業，中小企業ともに，将来のFMSの構築，あるいはFA実現に貢献する生産システムとして，FMCを導入しているといえる。

FMCはユーザのニーズによって，様々な形態が誕生している。したがって，FMCと特定するには非常に困難な場合があるが，FMCの構成概念には二つの方向がある。一つは将来への拡張性であり，図4－4に示すような，標準化されたコンパクトな目的適合形のFMCである。もう一つは機能集約形のFMCであり，図4－5に示すような、スタッカクレーンのフォークによる昇降方式で，多数の加工物用パレットを管理している。

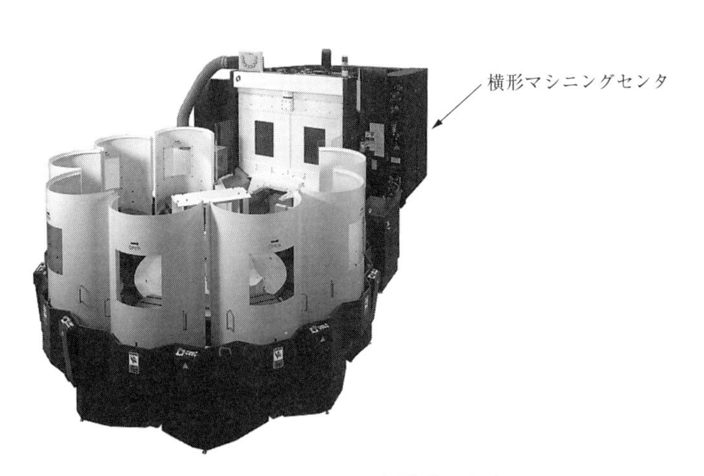

図4－4　コンパクトに標準化されたFMC

図４－５　機能を集約化したFMC

出所：日立精機（株）

第3節　F　M　S

FMS（Flexible Manufacturing System）は，JIS B 3000：2010によると「生産設備の全体をコンピュータで統括的に制御・管理することによって，混合生産，生産内容の変更などが可能な生産システム。」と定義されている。アメリカのサンドストランド社の“オムニコントロールシステム”，シンシナチ社の“バリアブルミッションシステム”，イギリスのモーリンス社の“システム24”，そして，日本の国鉄大宮工場（現JR東日本大宮総合車両センター）の群制御（DNC）システムなどが原形となって発展してきた生産システムである。

FMSは，複数のNC工作機械，ロボットやAGV（無人搬送車），自動倉庫など様々な機械や装置と，それらを制御するコンピュータから構成されている。図4－6に典型的なFMSの例を示す。

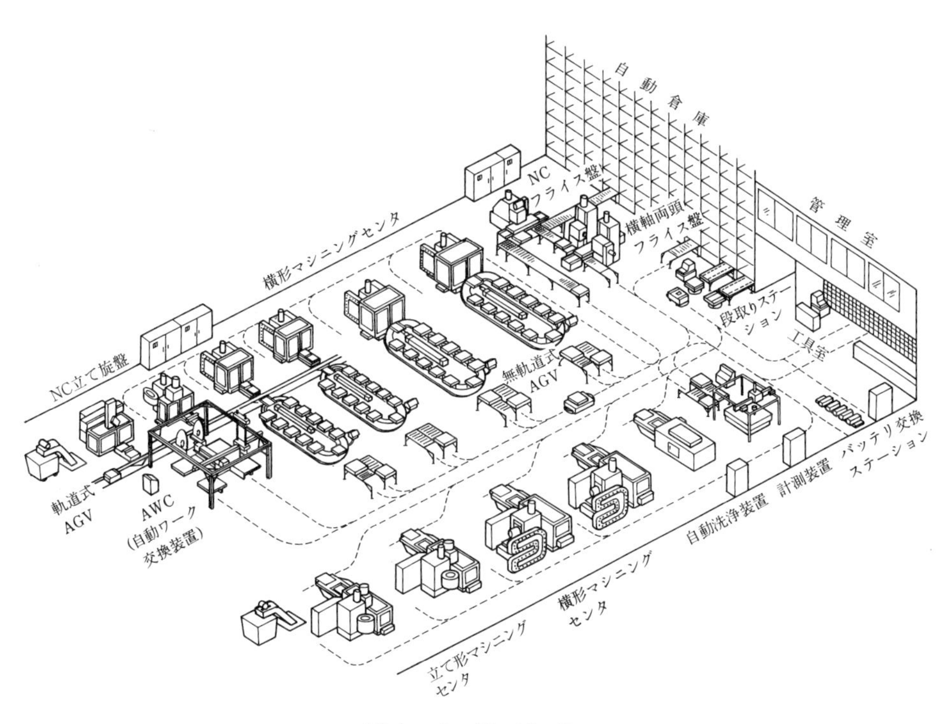

図4－6　F　M　S

FMSは，プログラムによって様々な形状の加工ができるNC工作機械を，有機的に結合してできた生産システムである。したがって，**トランスファライン**のように数種類の部品加工に限定された大量生産形の生産システムとは異なり，その名のとおりのフレキシブルな自動生産システムである。しかし，生産のフレキシブルさは生産効率の面ではマイナス効果をもつため，FMSは大量生産には適していない。一般には，FMSは**多品種中少量生産**に適する生産システムといえる。

なお，トランスファラインをNC工作機械で構成し，部品加工にフレキシブルさを付与した生産システムもある。これを，**FTL**（Flexible Transfer Line）と呼んでいる。

図4－7にそれぞれの生産システムの適用範囲を示す。

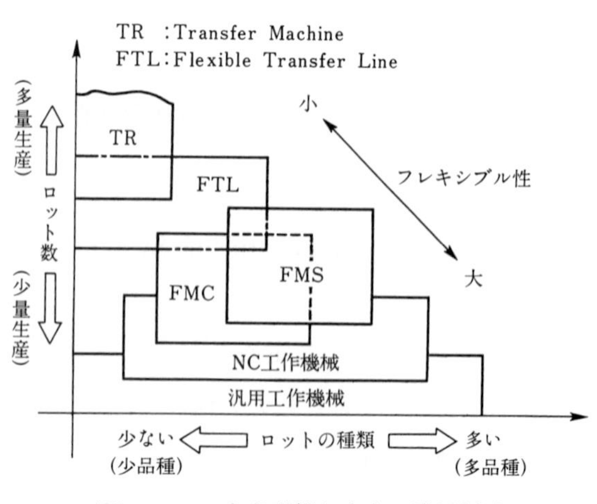

図4－7　生産形態と生産の適用領域

「本章第2節」でFMCがFMSの基本構成モジュールであると述べたように，1ユニットから複数ユニットのFMCが結合されてFMSが構成されていると考えてよい。したがって，FMSの形態も様々である。図4－8，図4－9にFMSの例を示す。いずれの場合も，FMSに要求されることは生産効率の向上であり，省力・省人化，そして無人化である。

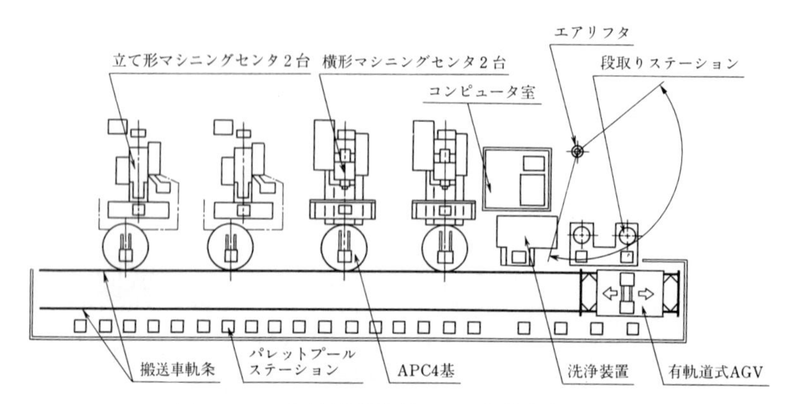

図4－8　有軌道搬送形AGVを備えたFMS

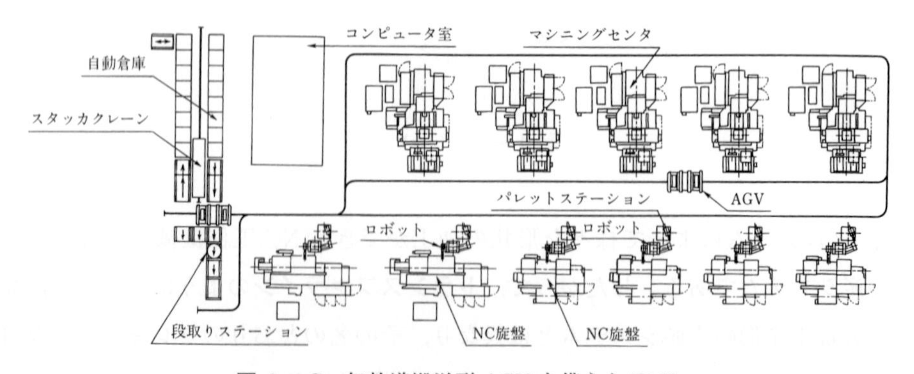

図4－9　無軌道搬送形AGVを備えたFMS

第4節　LANとプロトコル

「第3節」で示した工場レベルのFMSの例では，分散配置されたFMSが工場管理用のコンピュータでコントロールされている。しかし，これまでのFMCやFMSが，加工部門の自動化を中心としていたのに対し，現在は生産管理を含めた工場全体を自動化するFAが主流となりつつある。

生産システムの自動化で重要なことは**“物の流れ”**と**“情報の流れ”**である。物の流れは，これまで説明したように，ロボットやAGVなどによりフレキシブルで，しかも無人化が可能な生産システムを作り出している。

一方，情報の流れは，個別のNC工作機械，FMC，FMS，そしてFAへと上位階層に生産システムが展開されていくにつれて，階層間の情報の橋渡しが問題になる。

そこで，FAでは分散配置されているFMCやFMS，自動プログラミングシステム，CAD/CAMシステム，さらに生産管理用のコンピュータなど，相互の情報の伝達を図4－10のような**通信ネットワーク**を構築して行う。

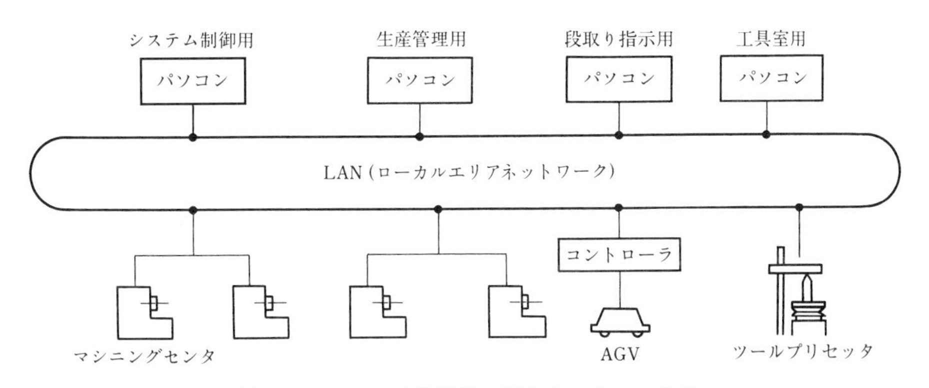

図4－10　NC工作機械の通信ネットワーク化

通信ネットワークは，情報の伝送距離から**WAN**（Wide Area Network：**広域ネットワーク**）と**LAN**（Local Area Network：**地域内ネットワーク**）の二つに大きく分けられる。FAではLANが主流である。

LANは一つの建物の中，あるいは一つの工場の中で，分散配置されたコンピュータや種々の入出力機器を接続し，相互の情報通信を行うシステムである。LANには，図4－11のような接続の形態がある。一般的には，FAでは全体を総括制御するコンピュータがあり，分散配置されたコンピュータや入出力機器が，相互の情報のやり取りをできるようなループ形のLANが多い。

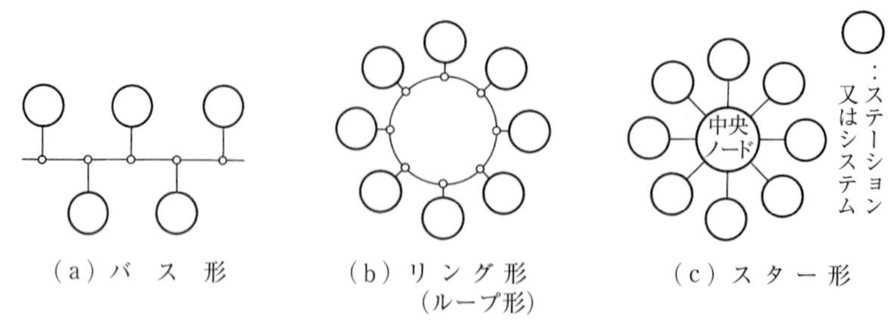

図4－11　LANの形態

工場内でLANを構築する場合，各種のコンピュータ，NC工作機械，ロボット，AGV，自動倉庫，プログラマブルコントローラなど，多くの機械や装置をLANに接続するための**インタフェース**や，**通信規約**（これを，**プロトコル**という）が必要になる。

コンピュータやNC工作機械の通信は，“0”と“1”からなるデジタル信号で行われており，信号の電圧レベルや誤りの検出方法，コネクタの形状やピンの配列位置など，通信上の約束ごとがあり，この約束に基づかない機器は接続できず，通信もできない。この通信上の約束ごとがプロトコルであり，プロトコルに基づくインタフェースをもつことによって，初めて機器の相互接続が可能になる。

生産工場にあるコンピュータやNC工作機械は，それぞれメーカが異なっており，プロトコルが統一されているわけではない。したがって，LANを構築する場合，プロトコル変換のためのハードウェアやソフトウェアがそれぞれに必要になり，そのための投資額は莫大なものとなる。

ISO（国際標準化機構）では，これらのプロトコルをOSI（Open System Interconnection：開放形システム間相互接続）参照モデルという七つの階層に分類できるとしている。OSI参照モデルによるプロトコルの階層の名称と機能を表4－1に示す。

表4－1　OSI参照モデルによるプロトコルの各層の名称と機能

番号	層の名称	層の機能
7	アプリケーション層	利用者に実際のサービスを提供
6	プレゼンテーション層	データの表現形式を制御
5	セッション層	通信経路（コネクション）の確立と解放
4	トランスポート層	送信データの確認，再送信
3	ネットワーク層	アドレスの管理，通信経路の選択
2	データリンク層	物理的な通信路の確率
1	物理層	電気的，機械的な条件の定義

第5節　CIM，FA

CIM（Computer Integrated Manufacturing）は，JIS B 3000：2010によると「生産に関係するすべての情報をコンピュータネットワーク及びデータベースを用いて統括的に制御・管理することによって，生産活動の最適化を図る生産システム。」と定義されている。

従来，FAは生産情報のコンピュータ処理，各種生産機械の自動制御化，ロボットやAGVなどによる物流の自動化，そして，FMCやFMSの構築へと生産のシステム化が進められてきた。

これらの自動化やシステム化は，生産管理，設計，部品加工，組立作業，物流などの個々の効率化，短納期化，品質向上やコストダウンなどの目標を改善するために行われてきた。製造業では，それら個別的な，又は部分的な効率化や改善を企業規模，工場規模で行うことを目標にしている統合化生産システムの必要性が高まっている。

CIMでは，販売システム，設計システム，生産システム，物流システムなどのシステム間の情報を緊密化し，情報伝達のスピードアップが図られる必要がある。

図4－12に，CIMの開発までに行われた生産システムの段階的発展の経過を示す。また図4－13にCIMの概念図を示す。

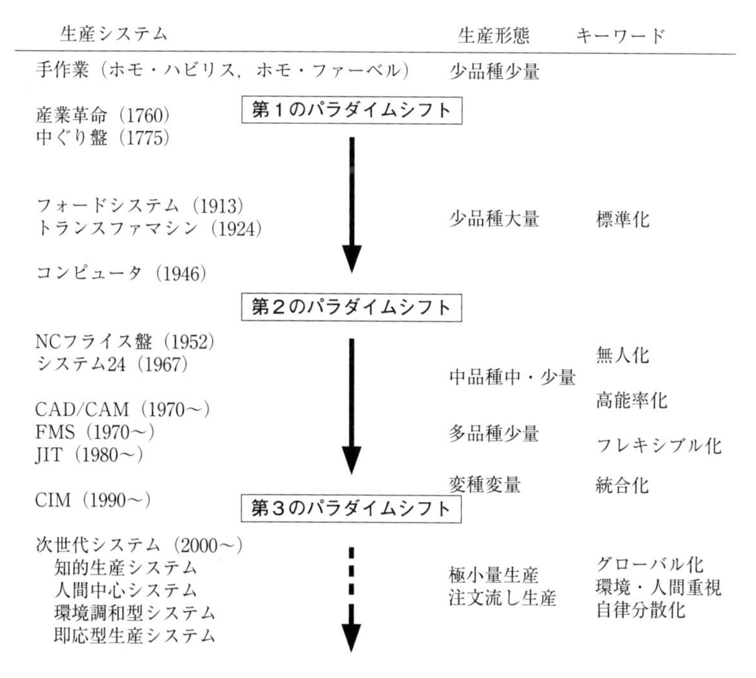

図4－12　生産システムの変遷

出所：神田雄一著『はじめての生産システム』森北出版（株），2011，p.9，図1.2

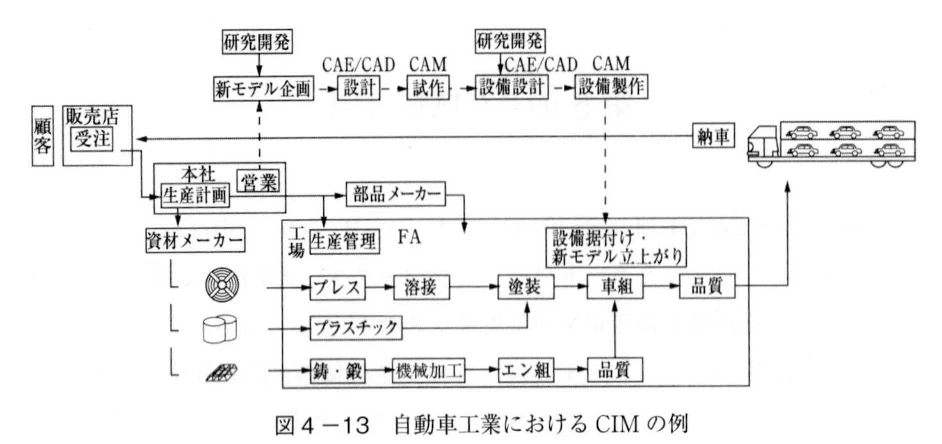

図４－13　自動車工業におけるCIMの例

出所：三枝行雄著「ホンダのグローバルCIM」『コンピュートロール第36号』（株）コロナ社，1991，p.3，図1

第4章のまとめ

1．次の文の（　　　）に該当する語句を記入しなさい。

a．工場規模のオートメーションを，一般に（　　　）と呼んでいる。

b．NC工作機械の群管理，あるいは群制御のことを（　　　）システムという。

c．FMCは，（　　　）（　　　）（　　　）（　　　）（　　　）などの機能によって構成されている。

d．FMCを基本構成モジュールとする生産システムを（　　　）という。また，トランスファラインをNC工作機械で構成した生産システムを（　　　）と呼んでいる。

e．FAの通信ネットワークとしては，一般に（　　　）を採用している。

f．コンピュータやNC工作機械を通信ネットワークに接続するための通信規約を（　　　）という。

g．コンピュータによる統合生産システムを（　　　）という。

2．図4－14は生産システムの適用範囲を示したものである。（　　　）に該当する語句を記入して図を完成させなさい。

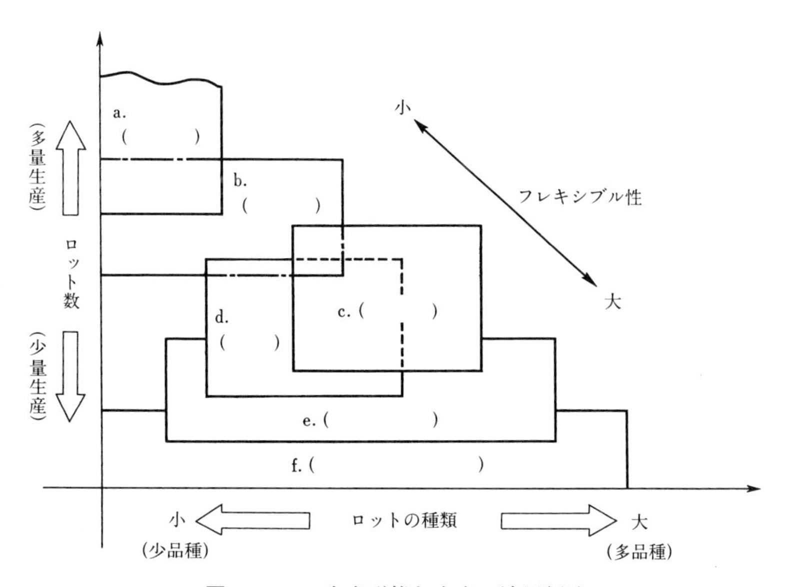

図4－14　生産形態と生産の適用領域

第１章のまとめの解答

1．

a．Numerical Control

b．NC 装置，機械本体

c．NC プログラム

d．駆動モータ，送りねじ

2．

a．準備

b．プログラムの作成

c．プログラムの入力

d．加工

3．

a．位置決めや輪郭切削を，プログラムにより自動的に，高精度に制御できる。

b．工具交換や切削油剤のオン・オフなどの補助的な作業を，プログラムにより自動的に行える。

c．工具の寸法や取付位置などにより，プログラムの変更を行う必要がないように数種類の工具補正機能がある。

d．旋盤とフライス盤，ボール盤とフライス盤などのように，複数の異なる工作機械の機能を１台の NC 工作機械がもつ場合が多い。

4．中小企業では，高精度な部品加工を短納期で行うことが要求されているため，熟練者が育ち，その技術・技能が継承される環境が大事である。NC 工作機械の導入はこのようなニーズに応えるものとして，利用されている。

第2章のまとめの解答

1．

a．工作物の直径変化にかかわらず切削速度を一定に保つ機能。

b．刃先Rによって生じる形状誤差を自動的に補正する機能。

2．

a．ATCを備えている。

b．工作物の割出し機能をもっているため，多面加工ができる。

c．フライス加工，中ぐり加工，エンドミル加工，ドリル加工，タップ加工などの複合加工を行う機能をもっている。

3．導電性材料，電圧，火花放電，熱，除去，ワイヤ，クリアランス

4．セミクローズドループ方式，モータ軸，送りねじ，フィードバック

5．

a．摩擦抵抗が少ない。

b．位置決め精度が高い。

c．バックラッシが小さい。

6．歯車，質量，高効率

7．高速で，主軸を回転させると，遠心力によって主軸端が半径方向に広がり，軸方向にホルダが引き込まれ，位置決め精度が悪くなり，切削能力の低下やホルダと主軸に不具合が起きる。この問題を解決するために，HSKシャンクと呼ばれる2面拘束方式のツールシャンクが開発された。

第３章のまとめの解答

1．

ａ．機械固有の原点によって設定されている座標系

ｂ．工作物上の基準点を原点として設定されている座標系

2．

ａ．座標軸を基準にして工具の移動を指令する方式で，絶対値指令方式ともいう。

ｂ．現在ある工具の位置からどちらの方向にいくら移動するかを指令する方式で，増分値指令方式ともいう。

3．

（1）ａ．アドレス

ｂ．データ

ｃ．ワード

ｄ．EOB

ｅ．ブロック

（2）ａ．準備機能又はＧ機能（直接，円弧補間などを指定する機能）

ｂ．工具機能又はＴ機能（工具の呼び出しを指定する機能）

ｃ．補助機能又はＭ機能（機械が備える各種機能のオン・オフなどを指定する機能）

ｄ．主軸機能又はＳ機能（主軸回転速度を指定する機能）

ｅ．送り機能又はＦ機能（送り速度を指定する機能）

（3）ｃ．X40.0 Z2.0

ｄ．X40.0 Z－15.0

ｅ．X50.0 Z－20.0

ｆ．X60.0 Z－20.0

ｇ．X60.0 Z－35.0

ｈ．X84.0 Z－35.0

4．

ａ．プログラミングの経験が浅い人でも簡単にプログラムを作成できる。

ｂ．画面の指示に従って入力すればよいため，現場でのプログラム作成が容易になる。

ｃ．作業の標準化が容易になる。

5．CAD，CAM，CAD/CAM，汎用，ワークステーション，パソコン

6．

a．点と線で表現される形状モデル

b．点・線に面データを加えて表現される形状モデル

c．ほぼ完全な立体が表現される形状モデル

第４章のまとめの解答

1．

a．FA

b．DNC

c．加工機能，搬送機能，倉庫機能，保全機能，制御機能

d．FMS，FTL

e．LAN

f．プロトコル

g．CIM

2.

a．TR

b．FTL

c．FMS

d．FMC

e．NC 工作機械

f．汎用工作機械

（　）内の数字は本教科書の該当ページ

○使用規格一覧

■日本産業規格（発行元　一般財団法人日本規格協会）

1．JIS B 0105：1993「工作機械－名称に関する用語」（57）

2．JIS B 0105：2012「工作機械－名称に関する用語」（27，28，31，56～58，60）

3．JIS B 3000：2010「FA －用語」（90，93，97）

（　）内の数字は本教科書の該当ページ

○引用文献等

1．『はじめての生産システム』神田雄一著，森北出版株式会社，2011，p. 9，図1．2（97）

2．「ホンダのグローバル CIM」『コンピュートロール第 36 号』三枝行雄著，株式会社コロナ社，1991，p. 3，図1（98）

（　）内の数字は本教科書の該当ページ

○参考規格一覧

■日本産業規格（発行元　一般財団法人日本規格協会）

1．JIS B 0105：2012「工作機械－名称に関する用語」

2．JIS B 0106：2016「工作機械－部品及び工作方法－用語」

3．JIS B 0107：1991「バイト用語」

4．JIS B 0170：1993「切削工具用語（基本）」

5．JIS B 0171：2014「ドリル用語」

6．JIS B 0172：1993「フライス用語」

7．JIS B 0181：1998「産業オートメーションシステム－機械の数値制御－用語」

8．JIS B 6310：2003「産業オートメーションシステム－機械及び装置の制御－座標系及び運動の記号」（60）

9．JIS B 6315 － 2：2003「機械の数値制御－プログラムフォーマット及びアドレスワードの定義－第2部：準備機能G及び補助機能Mのコード」

10．JIS B 6339 － 1：2011「自動工具交換用7／24 テーパシャンク－第1部：A，AD，AF，U，UD及び UF 形ツールシャンクの形状・寸法」（51）

11．JIS B 6339 － 2：2011「自動工具交換用7／24 テーパシャンク－第2部：J，JD 及び JF 形ツールシャンクの形状・寸法」（51）

12．JIS B 6339 － 3：2011「自動工具交換用7／24 テーパシャンク－第3部：AC，AD，AF，UC，UD，UF，JD 及び JF 形ツールシャンク用プルスタッドの形状・寸法」（51）

■日本工作機器工業会規格（発行元　一般財団法人日本工作機器工業会）

1．TES 4001：1994「マシニングセンタ用ツールシステム－ BT50」（49）

（　）内の数字は本教科書の該当ページ

○参考文献等

1．『工作機械統計要覧2005』一般社団法人日本工作機械工業会，2005（14，15）

2．『工作機械統計要覧2017』一般社団法人日本工作機械工業会，2017（14，15）

3．『2016年数値制御（NC）工作機械　生産実績等調査』一般社団法人日本工作機械工業会，2017（16）

4．「先端加工技術に関する調査研究」『工業技術研究報告書No.37　2008』須藤貴裕・田村信・山田敏浩・石井啓貴・宮口孝司著，新潟県工業技術総合研究所，2008，pp.36～41，表1

○協力企業等（五十音順・企業名等は執筆当時のものです）

エンシュウ株式会社（図2－8）

オークマ株式会社（図2－16）

株式会社イワシタ（図2－17～図2－19）

株式会社岡本工作機械製作所（図2－21）

株式会社シギヤ精機製作所（図2－22（a））

株式会社ソディック（図2－38）

株式会社滝澤鉄工所（図2－1）

株式会社牧野フライス製作所（図1－22，図2－28，図4－1）

株式会社ミツトヨ（図4－1）

キタムラ機械株式会社（図2－7，図2－15，図4－1）

コマツ産機株式会社（図2－42）

ＴＨＫ株式会社（図2－57）

東京都立中央・城北職業能力開発センター板橋校（図1－1，図1－3，図1－4，図1－16（b），図1－18）

日立精機株式会社（図4－5）

ファナック株式会社（図3－39（a）（b））

ヤマザキマザック株式会社（図1－21，図2－6，図4－1）

索　引

[数字・アルファベット]

[あ]

[い]

[え]

[お]

[か]

[き]

[く]

[け]

[こ]

[さ]

[し]

[す]

[せ]

[そ]

[た]

[ち]

委員一覧

平成２年３月		
〈作成委員〉	今田　直己	株式会社牧野フライス製作所
	高橋　弘隆	池貝鉄工株式会社
	宮本　健二	東京職業訓練短期大学校
平成９年３月		
〈改定委員〉	五位野英男	今市高等産業技術学校
	佐藤　晃平	職業能力開発大学校
	宮本　健二	東京職業能力開発短期大学校
平成18年２月		
〈改定委員〉	岩月　孝三	イワタカテクノス
	佐藤　晃平	職業能力開発総合大学校
	宮本　健二	日本工業大学／ものつくり大学

（委員名は五十音順，所属は執筆当時のものです）

職業訓練教材
NC工作概論

厚生労働省認定教材	
認定番号	第58745号
認定年月日	昭和63年12月20日
改定承認年月日	平成31年２月１日
訓練の種類	普通職業訓練
訓練課程名	普通課程

平成２年３月　初版発行
平成９年３月　改定初版１刷発行
平成12年３月　改定２版１刷発行
平成18年２月　改定３版１刷発行
平成31年３月　改定４版１刷発行
令和４年３月　改定４版３刷発行

編　集　独立行政法人 高齢・障害・求職者雇用支援機構
　職業能力開発総合大学校 基盤整備センター

発行所　一般社団法人 雇用問題研究会
〒103－0002 東京都中央区日本橋馬喰町 1－14－5 日本橋Kビル２階
電話 03（5651）7071（代表）　FAX 03（5651）7077
URL　http://www.koyoerc.or.jp/

印刷所　株式会社 ワイズ

151201-22-21

ISBN978-4-87563-424-9